高等职业院校技能应用型教材·计算机应用系列

网 络 素 养

陈 锋 主 编

傅贤君 易哲学 副主编

U0281177

电子工业出版社
Publishing House of Electronics Industry
北京·**BEIJING**

内 容 简 介

党的二十大报告提出："健全网络综合治理体系，推动形成良好网络生态。"第 54 次《中国互联网络发展状况统计报告》显示，截至 2024 年 6 月，我国网民规模达 10.9967 亿人，互联网普及率达 78%。青少年是网民中的重要群体，被称为"网络原住民"，比较擅长使用网络平台，也较容易受到互联网信息的影响。本书以青少年网络素养提升为切入点，基于《未成年人网络保护条例》要求，深入研究青少年在网络生活中的常见问题，将实际案例融入教学中，引导青少年树立良好的网络价值观，着力提升青少年网络素养。

本书采用"项目驱动、案例教学、过程指导、探究实践"的编写模式，将"十大常见网络问题"作为教学项目，包括项目介绍、任务安排和学习目标，通过教师讲解和分析，加上课堂讨论、课后习题等，让青少年深刻理解互联网社会的一些问题并能进行识别和防范，提升网络素养，从而让其更加适应互联网生活和学习。

本书配有微课视频、电子课件、课程标准、教案等教学资源，可作为高等职业院校"网络素养"课程的教学用书，也可作为通识教材面向其他教育层次推广。

图书在版编目（CIP）数据

网络素养 / 陈锋主编. -- 北京 ： 电子工业出版社，
2024. 12. -- ISBN 978-7-121-49190-0

Ⅰ. TP393

中国国家版本馆 CIP 数据核字第 2024DZ1126 号

责任编辑：李书乐　　　　特约编辑：李　红
印　　刷：北京天宇星印刷厂
装　　订：北京天宇星印刷厂
出版发行：电子工业出版社
　　　　　北京市海淀区万寿路 173 信箱　　　邮编：100036
开　　本：787×1092　1/16　　印张：9　　字数：247.68 千字
版　　次：2024 年 12 月第 1 版
印　　次：2024 年 12 月第 1 次印刷
定　　价：39.00 元

凡所购买电子工业出版社图书有缺损问题，请向购买书店调换。若书店售缺，请与本社发行部联系，联系及邮购电话：（010）88254888，88258888。

质量投诉请发邮件至 zlts@phei.com.cn，盗版侵权举报请发邮件至 dbqq@phei.com.cn。

本书咨询联系方式：（010）88254569，xuehq@phei.com.cn，QQ1140210769。

前　言

　　党的二十大报告提出："健全网络综合治理体系，推动形成良好网络生态。"互联网已成为广大青少年了解世界、学习知识、休闲娱乐、交流交往的重要平台。但青少年使用网络便利和丰富学习生活的同时，也面临着违法和不良信息侵害、网络沉迷等多重风险。近年来，我国青少年网络娱乐行为管理体系日趋完善，对不良用网行为的监管日趋严格。2024 年 1月 1 日起正式施行的《未成年人网络保护条例》（以下简称《条例》）是我国首部专门性的未成年人网络保护综合立法，对网络沉迷防治做出了具体规定。《条例》明确将网络素养教育纳入学校素质教育内容。目前"网络素养"是崭新的概念，几乎没有现成的教材。本书以青少年网络素养提升为切入点，基于《条例》要求，深入研究青少年在网络生活中的常见问题，将实际案例融入教学中，引导青少年树立良好的网络价值观，着力提升青少年网络素养。

　　本书依据《中长期青年发展规划（2016—2025 年）》《关于加强网络文明建设的意见》的大纲要求，结合当前青少年在网络生活中的十大常见问题进行内容编排与章节组织。本书全面介绍了网络安全、网络娱乐、网络生活、网络学习 4 个方面相关知识，共 10 章。

　　本书采用任务驱动式的教学组织，充分体现理实一体、知行合一，着力打造立体化精品教材。具体特色包括以下几个方面。

　　第一，课程思政引领，将课程思政与实践创新相结合，将思政教育贯穿整个教学过程，引导读者建立良好的价值观、人生观、世界观。

　　第二，教材内容包含 10 个项目，每个项目进行递进式任务式分解，循序渐进，积极响应《国家职业教育改革实施方案》中的"三教"改革要求。

　　第三，以典型工作场景为背景，结合典型化生活案例激发读者学习兴趣设计教学内容，以"聚焦服务社会、培养智能工匠"为主线，实施产教融合落地。

　　第四，教材内容组织以"成果导向"引导学生自主学习，以真实岗位任务的工作过程为依据，由简到繁、由易到难、循序渐进地设计典型场景化项目和学习任务。教材内容组织结构符合基于 BOPPPS 的参与式教学模式，即 B（导入 | 任务场景）、O（目标 | 任务目标）、P（前测 | 任务准备）、P（参与式学习 | 任务演练、任务拓展）、P（后测 | 任务巩固）、S（总结 | 总结答疑），强化职业技能，保障教学效果。

　　第五，本书配有微课、电子课件、课程标准、教案等教学资源，考虑学生需求开发课程资源、设计教学文件规范教师，形成一套能够起到示范作用的课程开发方案。有效激发学生主动学习的兴趣，引导读者自主探究。

本书由浙江安防职业技术学院组织教师编写，由陈锋担任主编，傅贤君、易哲学担任副主编。参与本书编写的还有浙江安防职业技术学院的刘聪、王汐韵、林泽、李江娥、陈安琪，北京软通动力教育科技有限公司的谭帅和温州市宣传事业发展中心的王明明。

　　为了方便教师教学，本书配有微课视频、电子课件、课程标准、教案等教学资源，请有此需要的教师登录华信教育资源网进行下载，如有问题可在网站留言板留言或与电子工业出版社联系（E-mail：hxedu@phei.com.cn）。

　　由于编者水平有限，虽然本书在编写过程中力求精确，也进行了多次校正，但是还存在一些问题乃至错误，希望读者朋友在使用本书时能够不吝指出，以便给我们一次改正的机会。

编　者

目　　录

项目 1

‹‹‹‹‹‹

网 络 生 活

项目介绍

　　随着互联网技术快速发展和移动智能终端设备的广泛普及，青少年的成长和社会化过程越来越离不开互联网与各种数字应用。互联网为青少年搭建了数字化的学习、生活、娱乐和社交空间，今天，通过手机和计算机，我们可以做与生活、生产、学习和娱乐相关的一切事情。通过网络，我们可以轻易实现"天涯若比邻"，随时随地在掌上了解全世界。而作为一出生就与网络有着亲密接触的一代，青少年作为其最主要的使用者和消费者，要以主人翁意识维护好亿万民众共同的精神家园，提升网络素养，养成健康的网络生活方式。

任务安排

　　任务1　认识互联网
　　任务2　了解网络生活
　　任务3　融入网络生活
　　任务4　养成健康的网络生活习惯

学习目标

　　◇ 掌握互联网的定义
　　◇ 了解互联网的特点
　　◇ 了解移动互联网的特征
　　◇ 掌握网络生活的定义
　　◇ 了解网络生活的常见方式

◇ 学会多种网络信息搜索方式
◇ 学会微信应用
◇ 了解网络生活的利与弊
◇ 养成健康的网络生活习惯

任务1　认识互联网

➜ 任务目标

❖　掌握互联网的定义
❖　了解互联网的特点
❖　了解移动互联网的特征

➜ 任务场景

　　小陈是国内某 IT 企业的白领一族，他是个网络达人，经常在网络平台上分享自己的生活，他喜欢解答网友对互联网的疑惑，也因此深受网友们喜爱。本任务小陈将与大家一起了解互联网的定义与特点及移动互联网的特征。

➜ 任务准备

1.1.1　互联网的定义

　　互联网（Internet），又称国际网络，指的是网络与网络之间所联接成的庞大网络，这些网络以一组通用的协议相连，形成逻辑上的单一巨大国际网络。

　　互联网始于 1969 年美国的阿帕网。通常 internet 泛指互联网，而 Internet 则特指因特网。这种将计算机网络互相连接在一起的方法称作"网络互联"，在此基础上发展出覆盖全世界的全球性互联网络称作互联网，即是互相连接在一起的网络结构。互联网并不等同万维网，万维网只是一个基于超文本相互连接而成的全球性系统，且是互联网所能提供的服务之一。

　　那么什么是"互联网"？简单地说，互联网是由千百万台计算机组成的庞大集合，所有的计算机都在计算机网络上连接在一起。该网络能让所有的计算机互相通信。

　　而在早期，每台计算机都是独立的设备，每台计算机独立工作，互不联系。由于认识到商业计算的复杂性，要求大量终端设备协同操作，局域网（LAN，Local Area Network）诞生了。20 世纪八九十年代，远程计算的需求不断增加，迫使计算机界开发出多种广域网络协议（TCP/IP 等），以满足不同计算方式下远程连接的需求，使得互联网快速发展起来。如图 1.1 所示为互联网的基本构成，包含服务器、交换机和计算机。

　　互联网在中国的发展可以追溯到 1986 年，当时，中国科学院等一些科研单位通过长途电话拨号到欧洲一些国家，进行国际联机数据库检索，这可以说是我国使用互联网的开始。

1993 年 3 月，中国科学院高能物理研究所为了支持国外科学家使用北京正负电子对撞机做高能物理实验，开通了一条 64KB/s 的国际数据信道，连接高能所和美国斯坦福线性加速器中心（SLAC）。1994 年 4 月，中国科学院计算机网络信息中心（CNIC，CAS）通过 64KB/s 的国际线路连接到美国，开通路由器，正式接入互联网。到 1995 年 5 月，中国公用计算机互联网（Chinanet）开始向公众提供互联网服务，此时才真正意味着互联网进入中国。

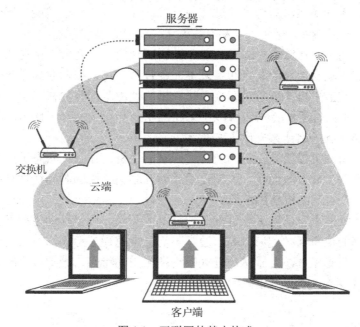

图 1.1　互联网的基本构成

中国互联网随着近 30 年的发展，已经形成规模，并走向多元化。互联网越来越深刻地改变着人们的学习、工作及生活方式，甚至影响着整个社会进程。《中华人民共和国 2024 年国民经济和社会发展统计公报》显示：2024 年 6 月末，中国互联网上网人数达到 10.9967 亿人，其中手机上网人数占绝大多数。互联网普及率为 78.0%，较 2023 年 12 月的 77.5% 有所提升。农村地区的互联网普及率也有显著增长，但具体数据需参考最新统计报告。全年移动互联网用户接入流量 3015 亿 GB，比上年增长了 15.2%，月户均流量达到 16.85GB/户·月，比上年增长了 10.9%。

1.1.2　互联网的特点　（智能手机）

现在互联网已经完全融入了人们的生活和学习中，要了解信息，人们习惯到网上查一查，做到心中有数，互联网还便捷了人们的交流和购物生活。虽然互联网给我们带来了种种便利，但是你知道互联网都有哪些具体的优势和特点吗？

互联网的特点可以总结为四个字：多、快、好、省。

➤ 多就是指用户多、信息量多和服务器多。在这个庞大的消费群体作用下，推动着互联网应用不断更新迭代。

➤ 快是指获取信息和传递信息的速度快。这无疑给信息交流和商贸活动提供了快速发展的通道。

> 好是指在互联网上人们可以根据自己的需要，选择有个性的东西。不需要因为别的因素而耽搁。

> 省是指省时、省力、省财、省物、省心、省神。能足不出户，轻易做到与全世界交互。

讲到互联网的特点，就不得不提到移动互联网的特点。随着人们生活水平的提高，我国手机的普及率也在逐渐增加，而这也促进着我国移动互联网的快速发展。下面简单介绍一下移动互联网的特征。如图 1.2 所示为移动互联网主要载体：智能手机。

> 便携性：相对于计算机，由于智能手机小巧轻便、可随身携带这两个特点，人们可以将其装入随身携带的背包和手袋中，并且用户可以在任意场合接入网络。除了睡眠时间，智能手机一般都以远高于计算机的使用时间伴随在其主人身边。这个特点决定了使用智能手机上网，可以带来相对于计算机上网无可比拟的优越性，即沟通与资讯的获取远比计算机设备方便。

> 交互性：用户可以随身携带和随时使用智能手机，在移动状态下接入和使用移动互联网应用服务。一般而言，人们使用移动互联网应用的时间往往是在上下班途中，在任何一个有网络覆盖的场所，接入无线网络实现移动业务应用的过程。

> 隐私性：智能手机的隐私性远高于计算机的要求。由于移动性和便携性的特点，移动互联网的信息保护程度较高。通常不需要考虑通信运营商与设备商在技术上如何实现它，高隐私性决定了移动互联网终端应用的特点，数据共享时既要保障认证客户的有效性，也要保障信息的安全性。

图 1.2　移动互联网主要载体：智能手机

➡ 任务演练——探究互联网的体验感

【自主探究】用至少 5 个成语描述你在互联网上的体验感受。

➡️ **任务巩固——开展有关互联网的主题讨论**

【主题讨论】网络给我们的工作、学习、生活带来哪些便利，请写一写。

任务 2　了解网络生活

➡️ **任务目标**

❖　掌握网络生活的定义
❖　了解网络生活的常见方式

任务场景

小陈喜欢微信聊天，有时候会聊上个把小时；喜欢王者荣耀，每天必须玩几局；喜欢刷抖音，那里的视频有趣又好玩；喜欢看网络小说，每天必须看着才能睡觉。清晨走出家门，"刷"开一辆共享单车骑到公交站去上班；中午，利用午休时间在电子政务平台缴纳水电煤气费；下班回家，在外卖应用程序上买的饭菜送来时还热气腾腾，"衣食住行买买买"已成为当前国人网络生活的重要内容，本任务小陈将与大家一起了解网络生活的定义与特征。

任务准备

1.2.1 网络生活的定义

网络生活是指在网上的虚拟的生活，是在网上度过特定时间的生活。随着世界网络的发展，网络生活逐渐成为人们生活的代名词。青少年网络生活指青少年在网络这个没有国界的虚拟社会中的一切活动，包括与人聊天交友、玩在线游戏、看新闻、收发 E-mail、网上下载学习资料、上网站看娱乐新闻、网上购物、网上旅游、网上发表自己的意见和作品等内容。

互联网（Internet）是 20 世纪最伟大的发明之一，给人们的生产生活带来了巨大变化，对很多领域的创新发展起到很强的带动作用。党的十八大以来，以习近平同志为核心的党中央重视互联网、发展互联网、治理互联网，推动网信事业取得历史性成就。网络基础设施建设和信息化服务加快普及，网上交易、手机支付、共享出行等新技术、新应用广泛普及，电子政务加速发展、网络扶贫扎实推进、社会治理和基本公共服务水平持续提升，亿万人民拥抱互联网，生活有了更多获得感、幸福感、安全感，日子越过越红火。

当前，随着我国互联网技术和新媒体的快速发展，网络成为人们日常生活中不可或缺的一部分。中国互联网络信息中心（CNNIC）发布的第 54 次《中国互联网络发展状况统计报告》显示，截至 2024 年 8 月，我国网民规模达 10.99 亿人，数据显示，较 2023 年 12 月我国新增网民 742 万人，以 10～19 岁青少年和"银发族"为主。其中，青少年占新增网民的 49.0%。未成年群体互联网普及率远高于成年群体互联网普及率。青少年将网络融入生活、学习、交往、娱乐等各个方面，网络化生存已经成为青少年生活的常态。如图 1.3 所示为我国新增网民的年龄结构（参考）。

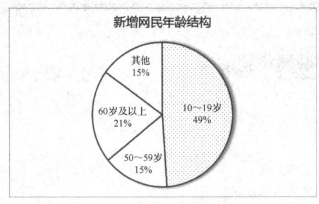

图 1.3　新增网民的年龄结构

1.2.2　网络生活的常见方式

当前，智能手机是网络生活中最重要的终端设备，通过它，我们可以与全球任何一个人建立即时联系，在万物互联中全面建构从家居、工作到出行的覆盖性智能生活，使得虚拟世界和现实生活无缝对接，几乎全面覆盖了我们的现实生活。一部智能手机，几乎可以解决人们在生活沟通、工作消费、休闲娱乐中遇到的所有问题。我国个人互联网各类应用的用户规模呈普遍增长态势，当前使用频率最高的网络应用主要分布在即时通信、网络视频、短视频、网络支付、网络购物、搜索引擎等多个方面。如图 1.4 所示为互联网应用分类思维导图。

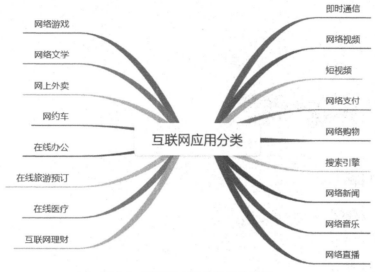

图 1.4　互联网应用分类思维导图

随着通信功能与媒体功能的融合，智能手机的信息传播变得更加高能高效。微信、支付宝、抖音、微博是当前手机上最热门的应用程序（App），它们代表着一种新的生活方式和交往方式，这种移动传播应用正在全面颠覆现有的生活和交往，"一机在手，玩转全球"，智能化社会在手机屏上初露端倪。

当下，社交化媒体的主要终端就是智能手机，而智能手机中的中文社交类应用主要有微信、微博、QQ 等。它们与搜索推荐引擎、在线游戏、手机游戏、电子商务应用等一起构成了庞大的网络生活版图。所有参与社会化媒体信息传播的用户，都可以体验类似于面对面的社交。如图 1.5 所示为 2021 年最受喜爱的 10 个 App。

图 1.5　2021 年最受喜爱的 10 个 App

◉ **任务演练——说一说**

【分组讨论】描述一下自己最喜欢的一个 App，并讲一下它的功能特点及你的使用频率。

◉ **任务巩固——连一连**

将下面的应用名称与类别进行连线。

淘宝　　　　　　　　　　　　　　　　　　　　即时通信
百度　　　　　　　　　　　　　　　　　　　　网络视频
腾讯视频　　　　　　　　　　　　　　　　　　网络支付
支付宝　　　　　　　　　　　　　　　　　　　网络购物
QQ　　　　　　　　　　　　　　　　　　　　搜索引擎

任务3　融入网络生活

◉ **任务目标**

❖　学会多种网络信息搜索方式
❖　学会微信应用

◉ **任务场景**

前面我们已经认识了网络生活的基本特征，本任务小陈将与大家一起融入网络生活，从基础的网络浏览、微信应用出发，掌握网络应用的基本技能。

◉ **任务准备**

1.3.1　信息搜索

网络上的信息可用海量来形容，那么怎么才能找到自己所需要的信息呢？常用的方法是使用搜索引擎进行搜索，现在知名度较高的搜索引擎是百度（Baidu），百度实质上也是一个网站，只不过它的主要功能是提供网络资源的搜索服务。

（1）使用百度进行网页搜索

打开 Edge 浏览器，在地址栏中输入百度官网的 URL。在主页面的搜索输入框中输入要搜索的关键字，如"温州名胜古迹"，单击"百度一下"或按 Enter 键，便可搜索到关于温州名胜古迹的相关信息，如图 1.6 所示。一般来说，关键字越不具体，搜索到的结果就越多，为了缩小搜索范围，应进行更精确的查询，也可输入多个关键字，中间用空格隔开。

图 1.6　百度搜索结果

（2）使用百度的高级搜索与个性化设置

单击百度主页面上的"设置"，打开高级搜索页面，可以进行高级搜索，如图 1.7 所示。"高级搜索"对搜索结果进行了细化描述，有"包含以下全部的关键字""包含以下的完整关键字""包含以下任意一个关键字""不包含以下关键字"等选项，按实际查询的需要，分别输入关键字，可以进行更精确的查找。

图 1.7　百度高级搜索

（3）百度特色功能

① 百度"贴吧"：百度"贴吧"是一个表达和交流思想的自由网络空间，在这里每天都有无数新的思想和新的话题产生，百度"贴吧"已逐渐成为最有影响力的中文交流平台之一。进入百度主页，单击"贴吧"链接，打开百度"贴吧"的页面，在文本框中输入"杭州亚运会"，单击"百度一下"按钮或按 Enter 键，如图 1.8 所示。在搜索结果中单击符合主

题的条目即可，页末有个回复区，可以在这个区域中回复主题，输入内容后，单击"发表帖子"按钮。

图 1.8　百度"贴吧"

　　② 百度"知道"：用户在生活中遇到疑问，可以通过百度的"知道"功能寻找答案，它好比一本电子版的民间百科全书，如想知道"什么是人工智能"，可以进行如下操作：进入百度主页，单击"知道"链接，打开"百度知道"页面，在文本框中输入"什么是人工智能"，单击"搜索答案"按钮或按 Enter 键，结果如图 1.9 所示。你就可以从网民的回答中找到合适的答案，答案可能有多种，也不一定相同，但评论会给出一个最佳答案。

图 1.9　百度"知道"

③ 百度"地图": 百度地图是一项网络地图服务。使用百度地图,可以查询详细地址,并可以规划点到点路线。进入百度主页,单击"地图"链接,打开百度"地图"的页面,在文本框中输入商家、单位、景点、公司的名称或地址等。如"温州动车南站",单击"搜索地图"按钮或按 Enter 键,单击"公交/驾车",可规划出行路线,如在"A"文本框中输入出发地址"温州",在"B"文本框中输入到达地址"杭州",在下面的下拉式文本框中选择出行方式,从"驾车""乘公交或火车""步行"选择一项,再单击旁边的"查询线路"按钮,可得到最佳出行线路,并有详细的驾车路线指示。

1.3.2 微信应用

微信(WeChat)是腾讯公司于 2011 年 1 月 21 日推出的一个为智能终端提供即时通信服务的免费应用程序。它通过网络快速发送免费(需消耗少量网络流量)语音短信、视频、图片和文字,同时,也可以使用通过共享流媒体内容的资料和基于位置的社交插件如"微信支付""公众号""小程序""视频号""小游戏"等服务插件。微信还提供即时信息推送服务等功能,用户可以通过"搜索号码""扫二维码"等方式添加好友和关注公众平台,同时微信将内容分享给好友,以及将用户看到的精彩内容分享到微信朋友圈。随着微信版本的更新,其功能也越来越完善,越来越强大,不管是个人还是企业,都能充分借助这个交流平台,享受它周到的用户服务。

作为一款好用的聊天工具,那么聊天功能是其非常重要的一环,微信除了可以发送最基本的文字信息,还可以发送表情、图片、视频、地理位置和名片,多媒体的互动非常丰富。按住话筒还能直接语音聊天、视频聊天。甚至自由地建立群聊,也就是多个好友在一起聊天。在"微信"窗口的右上角单击魔术棒图标,然后选择"发起聊天",接着我们就可以选择多个好友进行聊天了。在聊天过程中,单击聊天窗口的右上角,可以随时添加新的好友来一起聊天。如图 1.10 所示为丰富多彩的微信功能板块。

图 1.10 微信功能板块

➡ 任务演练——注册一个微信公众号

查看并注册一个微信公众号，写下步骤。

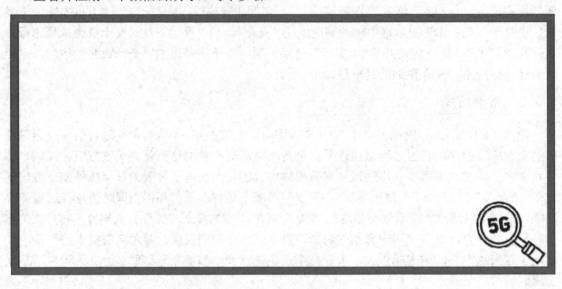

➡ 任务巩固——使用百度地图制定行程规划

每天我们上下学都是走在固定的路上，有时候这条路并不是最优路径，请使用百度地图制定最优的行程规划，并描述节省了多少时间。

任务4 养成健康的网络生活习惯

任务目标

❖ 了解网络生活的利与弊
❖ 养成健康的网络生活习惯

任务场景

小陈一方面用网络来收集资料、听音乐、学习，收获很多。但另一方面小陈最近沉迷于网络游戏，视力显著下降，身体抵抗力也降低了。本任务小陈将与大家一起了解网络生活的利与弊，学习养成健康的网络生活习惯。

任务准备

1.4.1 网络对青少年发展的有利影响

互联网目前已经成为青少年了解外面世界的一个主要窗口，他们可以非常轻松地从网络上得到包括声音、图像、文字在内的最新的各种信息，据调查，网络对青少年有利的影响主要表现在以下几个方面。

（1）网络为青少年提供了求知和学习的广阔空间

互联网上的资源可以帮助青少年找到合适的学习材料，甚至是合适的学校和教师。诸多的网上学校陆续建立，为青少年的求知和学习提供了良好的途径和广阔的空间。中小学生从现在起养成网上查找资料、上网课、在微信和钉钉上与同学们交流学习经验、提出疑问等习惯，这对终身学习都是有益处的。

（2）网络为青少年获得各种信息提供了新的渠道

网络已成为青少年获取各种信息的最佳来源。通过网络可以关注和了解"家事、国事、天下事"，令思想更开阔。当前青少年的关注点十分广泛，传统媒体已无法满足青少年这么多的兴趣点，网络信息容量大的特点最大限度地满足了青少年的需要，为青少年提供了丰富的信息资源。

（3）网络能开阔青少年全球视野，提高青少年综合素质

互联网信息量大，信息交流速度快，实现了全球信息共享，上网使青少年的视野、知识范畴更加开阔，从而有助于提高青少年综合素质。青少年学生在网上交流、交友的自由化，使青少年学生交往的领域更宽广，给青少年学生学习、生活带来了巨大的便利和乐趣。

（4）网络有助于青少年不断提高自身技能

当今世界，计算机技术和网络技术已经应用于教育、商业、政府、国防等各行各业。随着科技的进步，人们的生活越来越离不开网络，它帮助人们解决了生活中的许多困难。青少

年已经把网络技术当作自己必须掌握的基本技能之一，他们可以在网上找到自己的发展方向，也可以得到发展的资源和动力。

1.4.2 网络对青少年成长的弊端

哲学上讲任何事物都具有两面性，网络也不例外，它的危害主要表现在 4 个方面：黄、赌、聊天和游戏，它们往往使青少年深陷其中无法自拔，严重影响了青少年身心的健康发展。

（1）影响学习兴趣，导致荒废学业

网络使许多青少年沉溺于网络虚拟世界，脱离现实，也使一些青少年荒废学业。有的学生自控能力比较差，上网时间过长，不能很好地休息，导致上课无精打采，注意力不集中，学习效率低下；还有的学生上网不是在学习，而是沉湎于网络游戏或聊天，严重影响学习的兴趣，导致学习成绩直线下降。

（2）网络为青少年接触不良信息提供了渠道

青少年学生正处于性格、心理和道德形成的关键时期，互联网上有许多以黄色、暴力、政治反动等为内容的灰色信息，大量地接收这类信息，势必会影响青少年的思想道德趋向，其人生观、价值观极易发生倾斜。且长期沉迷于网络游戏或聊天就会减少他们和人交流的机会，甚至患上"电脑自闭症"，在下网后会出现精神萎靡、身体不适等症状，严重损害青少年身心的健康成长。

（3）影响青少年的身体健康

青少年正处于一个身心成长的关键时期，养成良好的学习、生活习惯至关重要。迷恋网络世界，一方面，挤占了课余体育锻炼和参与社会实践的时间，甚至正常的学习时间，不利于养成健康的体魄和参与社会实践的能力，也不利于学习；另一方面，长时间上网，也导致眼睛疲劳和神经衰弱，造成视力下降、情绪不振等问题，影响身体发育。

（4）诱发青少年犯罪

近年来，我国青少年犯罪的比率呈逐年上升趋势，这与青少年接触网络上的不良思想也有关联。尤其是一些反动迷信、黄色网页的不健康内容，让处于人生观、价值观成形期的青少年学生，缺乏判断是非的能力，分不清真善、好恶，致使青少年道德意识和法律意识逐渐淡化，从而导致其误入歧途，走上犯罪的道路。

1.4.3 青少年网络文明公约

2001 年 11 月 22 日，共青团中央、教育部、文化部、国务院新闻办公室、全国青联、全国学联、全国少工委、中国青少年网络协会在人民大学联合召开网上发布大会，向社会正式发布《全国青少年网络文明公约》。时任全国人大常委会副委员长许嘉璐郑重按动键盘，正式揭开了中国青少年计算机信息服务网上的《全国青少年网络文明公约》主页面，宣告《全国青少年网络文明公约》正式发布。这标志着我国青少年有了较为完备的网络行为道德规范。这是我国青少年网络生活中具有里程碑意义的一件大事，必将在今后的网络使用中产生深远的影响。

2023 年 7 月 18 日，中国网络文明大会在福建省厦门市举行。会上发布了《新时代青少年网络文明公约》。该公约的发布，对于加强青少年思想道德建设，提升网络素养，增强自我保护意识，树立正确的网络价值观具有重要意义。

我们想要养成健康的网络生活习惯就要做到下面几点。

（1）要善于网上学习，不浏览不良信息

将网络作为课外学习的一种新工具和了解大千世界的新途径，不接触不浏览有关色情、愤恨、暴力、邪教或者怂恿进行非法活动等内容，如果已接触了这些不良信息，要及时告诉父母和老师以取得帮助。

（2）要诚实友好交流，不侮辱欺诈他人

通过网络进行交流时，要礼貌待人，不使用脏话；要态度诚恳，不欺诈他人；要遵守礼节，不随心所欲。总之，要尊重他人，自己才能得到别人的尊重。

（3）要增强自护意识，不随意约会网友

不要透露有关家庭的任何资料，包括姓名、地址、电话等；不要轻易相信别人；在没有得到父母的同意前，不要约会网上的朋友；不要恶意挑衅；不参与不良的网上游戏；等等。遇到令自己不适的信息时，不要回复并马上告诉父母或老师。

（4）要维护网络安全，不破坏网络秩序

要敢于担当"网络安全使者"，在保证自己不参与违背道德、法律活动的前提下，对于周围的小伙伴有不良行为者，要加以劝阻说服或告诉家长或老师。

（5）要有益身心健康，不沉溺虚拟时空

要培养自我约束的能力，时时刻刻提醒自己；要坚持做眼保健操；要制订学习计划，不盲目上网；要坚持户外运动，保证健康体魄。

➡ 任务演练——如何分配现实生活和网络生活时间

网络是个虚拟时空，讲一讲你是如何分配现实生活和网络生活时间的。

→ 任务巩固——抄写作业

熟读并抄写《新时代青少年网络文明公约》。

> 强国使命心头记，时代新人笃于行。
>
> 向上向善共营造，上网用网要文明。
>
> 善恶美丑知明辨，诚信友好永传承。
>
> 传播中国好故事，抒写青春爱国情。
>
> 个人信息防泄露，谣言蜚语莫轻听。
>
> 适度上网防沉迷，饭圈乱象请绕行。
>
> 远离污秽不炫富，谨防诈骗常提醒。
>
> 与人为善拒网暴，守好底线不欺凌。
>
> 线上新知勤学习，数字素养常提升。
>
> 网络安全靠你我，共筑清朗好环境。

项目 2

<<<<<<

网 络 谣 言

项目介绍

"谣言"是指在非正式渠道下广泛传播的未经证实的消息。在互联网普及之后，网络成为谣言的高发地。而谣言总是用一种或恐怖或温情，或新奇或激愤的表现形式调动着人们的情绪。学生因缺乏足够的判断力，当大量碎片化的信息涌来，网络谣言夹杂其中，真真假假难以辨识，便很容易因谣言造成恐慌。学会辨别网络谣言与真相，"从我做起，击退谣言"，显得尤为重要。

任务安排

任务 1 什么是网络谣言
任务 2 网络谣言的产生与传播
任务 3 练就慧眼，识别谣言
任务 4 从我做起，击退谣言

学习目标

✧ 掌握网络谣言的定义、分类与特征
✧ 了解网络谣言的产生原因
✧ 熟悉网络谣言的传播途径
✧ 了解网络谣言的常见套路
✧ 学会识别网络谣言
✧ 掌握针对网络谣言的相关法规

任务1 什么是网络谣言

➡ 任务目标

* ❖ 掌握网络谣言的定义
* ❖ 掌握网络谣言的分类
* ❖ 掌握网络谣言的特征

➡ 任务场景

小陈经常在网上看到一些这样的消息：《不转不是中国人》《为了家人的健康一定要转》《NASA 预言太阳明年会爆炸！》……同学们身边一定有这样的"热心"亲友，他们每天孜孜不倦地转发刷屏，不厌其烦地将每条信息搬运到亲友群或你的微信上。而网络谣言小则影响个人生活，大则影响社会稳定，严重时，甚至危害国家安全。本任务小陈将与大家一起了解网络谣言的定义与特征。

➡ 任务准备

2.1.1 网络谣言的定义

谣言被认为是世界上最古老的传媒，它存在的历史几乎和人类口耳相传的历史一样漫长。在《辞海》里，"谣言"被解释为"没有事实根据的传闻；捏造的消息"。在《现代汉语词典》里被解释为"没有事实根据的消息"。《韦伯斯特英文大字典》的定义是：谣言是缺乏依据，或未经证实的，很难辨别真伪的流言、传言或意见。《朗曼现代英语字典》把"rumor"定义为："人与人之间传达的，关于某人私生活或官方的决定讯息，可能是真的，也可能并不真实。"

我们学过成语"三人成虎"，意思是"三个人谎报街市上有老虎，听的人就信以为真。比喻说的人多了，就能使人们把谣言当事实"。按照常识，街市上怎么可能会有老虎出没呢，但有人跑来告诉你真有老虎，即使你保持客观中立，有老虎的概率就变成了1/2，这时候再跑来一人，告诉你街市上真有老虎，根据中立原理，你心中有老虎的概率又变成了(1+1/2)/2=3/4。然后再来一人告诉你街市上有老虎呢？于是有老虎的概率就成了7/8。也就是说你近九成相信街市上有老虎，那基本上就真的有老虎了，于是谣言就产生了，如图 2.1 所示，我们听到谣言，要做到不听谣、不信谣、不传谣。

谣言三连

不听谣　　　　　不信谣　　　　　不传谣

图 2.1　网络谣言猛如"虎"

随着互联网的高速发展，谣言在网络空间的传播速度和危害程度都远远超过了现实空间，尤其是对青少年而言，这种危害更加显著，我们应当引起重视，那什么是网络谣言呢？

网络谣言是指通过网络介质（例如邮箱、聊天软件、社交网站、网络论坛等）传播的没有事实依据，带有攻击性、目的性的文字图片信息。谣言传播具有突发性且流传速度极快，因此会对正常的社会秩序易造成不良影响，如图 2.2 所示，手机传播为当前网络谣言的常见传播途径。

图 2.2　网络谣言利用手机传播

2.1.2　网络谣言的分类

网络谣言涉及我们生活的方方面面，可根据不同的分类原则对其进行分类，如图 2.3 所示。按照谣言的内容特征，可将其分为网络政治谣言、网络灾害谣言、网络恐怖谣言、网络犯罪谣言、网络食品及产品安全谣言、网络个人事件谣言；按照制造谣言的方式，可将其分为网上爆料、网上求证、网上水军、网上发布；按照法律责任，可将其分为民事责任、行政责任、刑事责任。

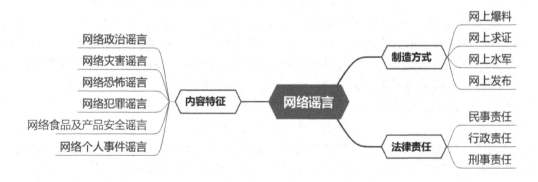

图 2.3　网络谣言分类

下面对网络谣言的分类详细叙述。

根据制造谣言内容的不同，网络谣言主要有以下 6 类。

➢ **网络政治谣言**：主要指向党和政府，主要涉及政治内幕、政治事件、重大政策出台和调整等内容，让公众对国家秩序、政治稳定、政府工作产生怀疑和猜测，破坏党和政府的形象，危害国家安全和政权稳定。

➢ **网络灾害谣言**：捏造某种灾害即将发生的信息，或者捏造、夸大已发生灾害的危害性信息，引起公众恐慌，扰乱社会秩序和经济秩序。

➤ **网络恐怖谣言**：虚构恐怖信息或危害公众安全事件信息，引发公众恐慌，扰乱社会秩序，引起公众对政府管理的不满，影响社会稳定。

➤ **网络犯罪谣言**：捏造一些骇人听闻或令人发指的犯罪信息，引起公众愤怒、恐惧，引发公众对政府、政府工作人员或某些群体的不满，同时也影响当事人的声誉，扰乱他们的正常生活。

➤ **网络食品安全谣言**：捏造或夸大某类食品或产品存在质量问题，引起公众对该类食品或产品的抵制，导致该类食品或产品生产者、销售者蒙受损失。

➤ **网络个人事件谣言**：针对某些个人特别是名人而编造吸引眼球的虚假信息，侵害当事人隐私，给当事人造成负面影响甚至经济损失。

根据制造谣言的方式不同，网络谣言主要有以下4种类型。

➤ **网上爆料**：网民捏造的不实信息。

➤ **网上求证**：网民发布求证真相的帖子，部分跟帖人凭借想象进行评述，形成谣言。

➤ **网上水军**："网上水军""公关公司"等，捏造新闻、事件和虚假信息。

➤ **网上发布**：部分媒体法人或媒体从业人员，以实名认证微博、博客所发布的不实言论。

根据网络谣言的法律责任不同，网络谣言主要有以下3种类型。

➤ **民事责任**：如果侵犯了公民个人的名誉权或法人的商誉，要承担停止侵害、恢复名誉、消除影响、赔礼道歉及赔偿损失的责任。

➤ **行政责任**：如果故意扰乱公共秩序，或者公然侮辱、诽谤他人，尚不构成犯罪的，要受到拘留、罚款等行政处罚。

➤ **刑事责任**：如果构成犯罪的，要被追究刑事责任。网络谣言的内容多样、形式多样，其需要承担的法律责任就需要综合考量后作出。

从目前我国刑法的法律规范分析，可作为打击网络谣言法律渊源的有两类。

（1）针对网络谣言可以直接适用的罪名主要有诽谤罪，寻衅滋事罪，商品声誉罪，编造并传播证券、期货交易虚假信息罪，编造、传播虚假恐怖信息罪，战时造谣扰乱军心罪，以及战时造谣惑众罪。上述罪名一般均能针对不同类型的网络谣言进行适用。在专有罪名体系之中，可以直接适用具体罪名对编造网络谣言的行为人进行处罚。

（2）在特殊情况下可以适用

我国刑法中还包括一些非专有罪名用来惩罚利用网络谣言实施犯罪的行为人。这类罪名在司法实践中往往通过编造谣言之外的行为方式进行实施，但在特殊情况下，利用网络谣言的行为也可以被认定为此类相关犯罪。具体而言，非专有罪名主要有以下几种。

① 刑法第一百零三条第2款规定的煽动分裂国家罪。

② 刑法第一百零五条第2款规定的煽动颠覆国家政权罪。

③ 刑法第二百四十九条规定的煽动民族仇恨、民族歧视罪。

④ 刑法第二百七十八条规定的煽动群众暴力抗拒法律实施罪。

⑤ 刑法第三百条规定的组织、利用会道门、邪教组织、利用迷信破坏法律实施罪，以及利用迷信致人死亡罪；以上一组罪名通常情况下并不会通过编造网络谣言的形式实施，但在特殊情况下，如果行为人利用网络谣言实施上述犯罪，根据罪刑法定原则的要求，这些罪名同样可以用来惩罚编造网络谣言、传播谣言的行为。

2.1.3　网络谣言的特征

网络谣言因使用互联网的媒体而呈现出独有的特征，具体表现如下。

第一，传播速度快，影响范围大。网络谣言利用网络平台传播信息，具有不同于传统口碑式的大众传播模式的广泛性和快速性。人们在网络平台上浏览各种信息，受到信息的影响，成为传播信息的人。特别是随着信息时代的到来，通过朋友圈、微博传递信息的速度更加惊人。

【事件】2024 年 2 月，佛山网民刘某某为吸引眼球，博取流量，提升其名下房产中介公司的知名度，吸引更多的客户通过其公司买卖房产，捏造"广东一公司有员工因讲粤语被罚款 5000 元"的网络谣言，并将捏造的视频发布在多个网络平台，迅速引起国内外网民广泛关注，其行为扰乱社会公共秩序，造成严重不良影响。属地公安机关依法对其予以刑事拘留。

第二，传播途径广，传播渠道多。随着互联网时代，特别是信息时代的到来，具有便捷社交功能和媒体功能的微信、微博等平台成为信息传播的有力媒体，信息传播的曝光度强，听众的参与度高，发言发表和传播成本低，因此成为很多网络平台滋生网络谣言的沃土。网络平台的单击率和转发率越高，谣言对大众的迷惑性越高，相反，随着虚假信息传播的推进，谣言的传播范围和影响力大大提高。

【事件】南京街头胖哥勇敢制服伤人歹徒，事件发生以后，迅速传出胖哥已经去世，此时南京相关部门迅速召开新闻发布会，并且粉碎谣言，在此行动中干脆利落，令人放心，没有给谣言散播的机会。

第三，迷惑性强，影响力大。根据我国网络发展现状报告，我国主流网民的思辨水平参差不齐。随着互联网的普及和互联网门槛的降低，实际上利用互联网平台监管漏洞的人不在少数。为了达到个人目的，在网络上故意歪曲事实，捏造煽动性谣言，一旦谣言大规模扩散，就会产生巨大的不利影响，甚至危及社会稳定。

【事件】《不要再买这个菜了！因为它 100%致癌！》《人类将在 2050 年遭到大劫难，宣告灭亡！》等，一些新闻媒体用极其夸张、骇人听闻的话引人注目。这已经成为网络新闻营销的常用手段，需要理性对待。

➡ **任务演练——谣言分析练习**

【案例】"家人们注意了！水厂朋友来电话，非常时期，自来水加大氯气注入。烧开水、煮饭用水等，需提前把水接出来，静置两小时以上才能使用。"看到家族群里舅妈转发的一条"特别提示"，小陈叹了口气。家中长辈乐于分享生活中各种"新发现""新研究"，转发到家族微信群里，它们真假难辨，却总能引起群里长辈们的一番热议。

1. 从制造谣言内容上进行分类，该案例属于什么类型的谣言？

_____

_____

2. 想一想，这个谣言会有什么危害？

_____

_____

➡ 任务巩固——生活中的谣言

【主题讨论】联系生活，说说你最近听到的谣言，是从哪里听到或者看到的。

_____

_____

_____

_____

任务 2　网络谣言的产生与传播

➡ 任务目标

❖　了解网络谣言的产生原因
❖　熟悉网络谣言的传播途径

➡ 任务场景

通过任务 1 我们了解到，传播网络谣言可能会承担民事、行政、法律责任，小陈于是就产生了迷惑：既然传播谣言的惩罚措施这么严重，为什么每天还有这么多谣言产生？本任务小陈将与大家一起了解网络谣言是如何产生与传播的，以及造谣传谣需承担哪些法律责任。

➡ 任务准备

2.2.1　网络谣言的产生原因

根据网络谣言的特征进行分析，网络谣言的产生原因主要有以下 6 点。

第一，社会生活的不确定性，为谣言的产生和传播提供了温床。经济社会发展面临许多难以预见的风险和挑战，人们在心理上和思想上难免会出现迷惘和浮躁，进而衍生出怀疑、猜忌、不满和攻击等负面情绪，这些情绪往往是社会谣言产生的心理动因。近年来，公共安全事件时有发生，加剧了民众生活的恐慌心理，也为谣言的产生创造了条件。瘦肉精火腿肠、染色馒头、硫黄生姜等食品安全事件，使百姓对食品安全的信任度大打折扣。

第二，科学知识的欠缺，为谣言的传播提供了可乘之机。如今更多的谣言则往往是打着"科学"的旗号，利用普通群众科学知识有限、对科学盲目崇拜等心理来实现的。近些年来，伴随着一些破坏性较强的地震、冰雪灾害、旱灾等的发生，一些迷信的宿命论者将灾害的原因归结为日月食、太阳风暴、流星雨等正常天文现象。这些夸大其词的言论经网络等渠道进一步放大，在社会上造成了非常恶劣的影响。

第三，社会信息管理的滞后，为谣言的传播提供了机会。某些信息监管技术比较落后，对一些新型信息传输领域的监管还不到位，致使有害信息得以传播，其中也包含谣言的传播。

第四，网络推手制造谣言，强化了谣言的扩散，挟持了网友的意见。在微博上传播重大信息、拥有强大动员能力的并不是一般网友，近年来，一些网络推手在网络上散布谣言，许多网友难辨真假、信假为真，并发表一些非理性的意见和看法，致使网上舆论距离事实真相越来越远。

第五，商业利益的驱动，是谣言滋生的经济动因。当前，谣言与经济活动的联系愈益密切，一些谣言的"制造者"为了扩大市场份额、满足一己私利，不顾社会道德，甚至不惜触犯法律。

第六，境外敌对势力制造和利用各种谣言，加紧对我国实施西化、分化。境外敌对势力和境内别有用心的人，加紧了对我国进行"西化""分化"的步伐，其中一个重要手段就是通过互联网等信息渠道，宣扬各种错误观点，制造和利用各种谣言，对社会热点问题和敏感事件进行炒作，煽动民众的不满情绪。

2.2.2 网络谣言的传播途径

网络谣言的传播途径一般有如下 4 种。

➤ **网络论坛**：如贴吧、知乎、豆瓣等。新媒介以手机、互联网为主体，人们上网几乎无门槛。而很多人喜欢灌水，导致各类言论在论坛中充斥，难辨真假。

➤ **网络新闻**：如腾讯新闻、今日头条等。网络新闻是网民了解世界的首选，很多自媒体也构建了自家网站。但一些网站为了扩大自身名气，对某些事实夸大其词，也成为网络谣言传播的高发区。

➤ **聊天工具**：以微信为代表的网络聊天工具，具有相当的个人化程度。而由于聊天是一种个人对个人的活动，会增加所传递信息的真实色彩，使谣言被误认为真理，也是现代的"三人成虎"，如图 2.4 所示为警察辟谣微信谣言。

➤ **视频平台**：短视频时代，将视频、图片稍加剪辑，就能编造出一条足以乱真的谣言。有专家表示，如果说以前的谣言尚属"1.0 版本"，视频类谣言则可称为"2.0 版本"。与以往多以文字、图片传播的谣言相比，"视频谣言"的制作难度、"技术含量"都有所增加，会让不太熟悉视频剪辑相关技巧的人信以为真。

图 2.4 警察辟谣微信谣言

任务演练——传话游戏

【分组游戏】五个人一组，每组的第一个同学抽一张纸条，记住纸条上的一段话，回到自己的位置上。第一个同学将纸条上的话小声传给第二个同学，依次传下去，然后请最后一位同学复述听到的话。最先传完且传递消息正确的小组获胜。

任务巩固——选择题

1. 以下选项中，不属于网络谣言传播途径的是（　　　）（单选题）
   A. 抖音
   B. 今日头条
   C. 腾讯 QQ
   D. 报纸

2. 以下选项中，属于网络谣言的产生原因的有（　　　）（多选题）
   A. 网络推手散布谣言
   B. 人们的负面情绪
   C. 普通群众科学知识有限
   D. 境外敌对势力炒作消息
   E. 商家为了利益散播假消息

任务 3　练就慧眼，识别谣言

任务目标

❖　了解网络谣言的常见套路
❖　学会识别网络谣言

任务场景

通过前面的任务我们已经学习了网络谣言的类别、谣言的产生原因及传播途径。本任务小陈将与大家一起练就识别谣言的火眼金睛，让谣言无处遁逃。

任务准备

2.3.1　网络谣言的常见套路

传谣动动嘴，辟谣跑断腿，不仅每天都有网络谣言产生和传播，而且一些流传多年的网络谣言依然有人相信。那么常见的网络谣言有哪些呢？

常见的网络谣言主要有以下 7 类。

第一，伪造权威发布类。伪造公安、气象、证监会、教育部等国家相关部门发布的"紧急通知/重大发布"等消息，让谣言鉴定能力比较弱的公众信以为真。比如每年汛期，大家都可以看到关于"某地即将出现五十年/百年/千年不遇的强降雨"等虚假气象消息。

第二，医疗保健类。利用公众关注医疗、健康领域的心理和需求，传播虚假的医疗信息，医疗保健类网络谣言也很常见。从某月将有流感/禽流感/超级病毒等流行病暴发，到被某种虫子咬了会感染"新型艾滋病"，吃西瓜感染 H7N9 病毒。与减肥、美容、颈椎病、三高慢性病有关的保健类谣言更是层出不穷，而这些谣言和文章最后，基本都是让大家去买某种保健品。

第三，关注转发类。善良热心的网友经常会在社交网络上转发某些寻人、寻物消息，而这些热心肠网友都是谣言编造者的利用对象。有一些编得特别真：朋友在解放路（基本每个城市都有解放路）捡到钱包，内有身份证、银行卡、现金××元，以及后天的火车票一张。节假日抢票不容易，请大家帮忙扩散找失主。

第四，治安事件类。编造治安事件的套路，这些年几乎没有变过，换着地点在各个城市的本地自媒体和网络社区轮番上演。核心套路基本都是：××市出现外地人抢孩子团伙，××街道出现奇怪街边摊档，××火车站出现砍人事件等，在不同地点上演时，也会添加不同的故事细节。

第五，恐慌消息类。虽然地球确实存在地壳板块运动，但地球和人类社会每天都在照常运转。与地球恐怖消息相关的网络谣言，让我们有种一直活在科幻电影里的错觉。如地震、核泄漏、世界末日、行星撞击地球、火山爆发等，这些恐怖的大型灾难并没有天天发生，一旦发生也会在央视新闻等官方渠道报道。然而总有人在网络上用地震、世界末日等作为素材，配上虚假图片，给网友讲假故事。

第六，食品安全类。食品安全谣言是网络谣言重灾区。这些谣言往往在标题中故弄玄虚，强调后果严重。如塑料紫菜、纸皮箱做的粗粮馒头、有毒食盐、多吃×××（任意一种常见食品）会致癌等，这些网络谣言往往还配以虚假图片、视频捏造事实，甚至谎称是来自食品、工商相关部门发布的消息。

第七，社会科学类。公众的科学常识水平有高有低，这类谣言则是打着科学、常识的旗号，到处诓人。这些网络谣言，如跑步会损伤膝盖、无线耳机致癌等，涵盖生物学、医学、物理学、食品学、化学，包罗万象，无所不能。

2.3.2 如何分辨谣言

面对纷繁复杂的信息，我们要如何识别谣言，做到不造谣、不传谣、不信谣呢？

常见的有如下 5 个方法。

第一，看信息来源是否权威。看到微信群里一些博人眼球的通知时，我们要先存疑，因为权威机构的信息不会只通过微信群传播。我们可以通过网络搜索信息中的关键字，看看相关消息是否被报道过，以及源头出自哪里、是不是权威机构等。

第二，看是谁说的。不少谣言的开头总会有"我一个朋友说"或者"某某专家说"等词汇，同时还会有聊天记录截图，看似是讲述一件重要的事情，有些聊天记录截图上方的备注还是某位专家或领导，看上去有一定的可信度，不少人因此而常常转发。看到这类信息时，要认真分辨，这个"朋友"或"专家"究竟是谁，如果不能提供详细的信息佐证或者无法考证信息的真实性，那就不要相信。另外，如果是聊天记录截图，更要认真查看，因为不少聊天记录内容会被篡改，常有错别字、病句等，可信度不高。

第三，看文字样式。不少人看微信文章时，常会被"不转不是中国人""高层怒了！""速看！马上被删！""震惊国人！"等标题吸引，但这些标题往往是不少谣言传播者最爱用的。如果看到的文章标题出现上述类型的文字，并且大量使用标红加粗等文字样式，就要小心了，很可能这篇文章中的信息是谣言，因为权威机构和媒体发布的文章往往排版简洁，很少会有大量标红文字。另外，传谣文章针对易受骗群体，往往使用偏大字号。

第四，看情绪是否平和。不少谣言为了增加可信度和传播度，常会大量使用感叹号或表情包，以传达恐慌、焦虑等负面情绪。看到带有大量感叹号、情绪性多于事实的文字时，要提高警惕，不少谣言常通过这种方式提高煽动性。此外，不少谣言也会使用"乱了""失败"等夸张表述制造恐慌情绪，引发阅读者转发、讨论。

第五，看内容细节。不少谣言内容详细，有丰富的图片或视频，并提供解决措施等信息，为吸引关注，常会用"百年秘籍""独家秘方""紧急转发，功德无量""彻底治愈"等文字。判断文章是否为谣言，首先，看图文是否相符，谣言常常使用不相关的图片和视频；其次，谣言中的解决措施可执行性低，比如，缺乏准确的时间、地点等信息，或者有明显不符合逻辑的地方；第三，谣言常常罔顾事实，此时我们可以先让传言"飞一会儿"，等待权威机构及媒体发布官方信息，即可进行分辨。

➡ 任务演练——自主探究

【搜一搜】打开百度搜索中国互联网联合辟谣平台，单击辟谣信息查证，如图 2.5 所示。

图 2.5 中国互联网联合辟谣平台门户网站

通过搜索框查找最近微信上流传的消息是否为谣言，如"吃西瓜感染 H7N9 病毒"，如图 2.6 所示。

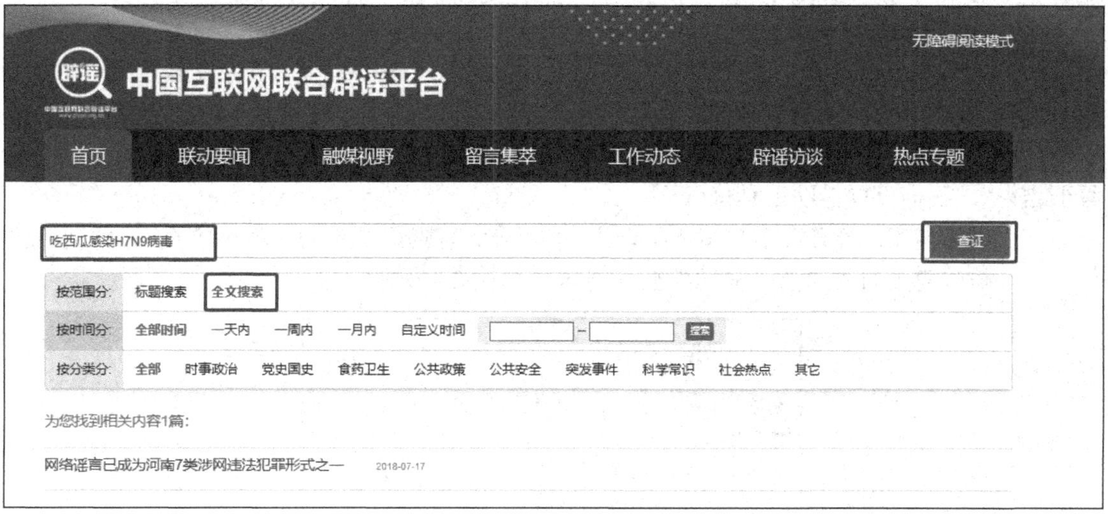

图 2.6　辟谣信息查证

任务巩固——判断题

结合上述辟谣平台，判断下面事件是否为谣言，并在括号中填写"是"或"否"。

1. 有公司称其产品"新冠能量饮"为钟南山基金会推荐，该饮料可未病先防。　　（　　）
2. 中国有 700 万外卖小哥，硕士及以上学历占 1%，全国 7 万名硕士在送外卖。　（　　）
3. 郑州暴雨，有个海洋馆炸了，鳄鱼出来了。　　　　　　　　　　　　　　　（　　）
4. 教育部发文称，全面压减小学生作业总量，严禁要求家长批改作业。　　　　（　　）

任务 4　从我做起，击退谣言

任务目标

❖　学会借助工具识别谣言
❖　掌握针对网络谣言的相关法则

任务场景

通过前面的任务我们已经学习了谣言的常见样式和识别方法。本任务小陈将与大家一起学习常见的辟谣方法与国家的相关法规，以击退谣言。

➡ 任务准备

2.4.1 借助工具，识别谣言

都说"谣言止于智者"，但在信息爆炸的互联网时代，做"智者"显然比较困难。人们认知能力有限，知识存在盲点，网络谣言又善于紧抓时代热点、民生焦点和社会痛点，这些都让网络谣言的传播速度更快，传播范围更广，社会危害也更大。荀子说"君子生非异也，善假于物也"，我们可以借助工具来辟谣。

➤ **微信搜索**：打开微信搜索"辟谣"，可以看到有腾讯发布的"腾讯较真辟谣"小程序与政府发布的"温州辟谣"公众号等，如图 2.7 所示。

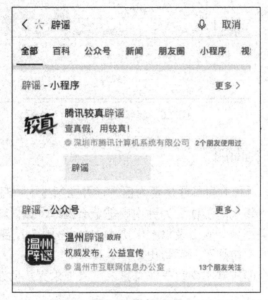

图 2.7　微信辟谣

➤ **政府网站**：通过政府网站我们可以很容易知晓一些公共事件的真相。

➤ **知乎搜寻**：找有一定关注量的文章，但是一定要看留言，因为存在问题的文章很快会被人发现并被质疑。

➤ **百度图片**：如果你对一则消息中的图片存疑，通过百度图片的以图搜图，我们可以很轻松地查找图片的来源，看看是否与信息一致。

在查证消息之后，也应积极辟谣，前往中国互联网联合辟谣平台进行辟谣信息提交。

2.4.2 学习法规，提高素养

一、我国现行法律中对谣言予以规制的法律法规主要可以分为两类：第一类是我国的根本大法《中华人民共和国宪法》；第二类是《中华人民共和国宪法》之外的法律法规。

1. 我国的根本大法

《中华人民共和国宪法》第三十五条规定，中华人民共和国公民有言论、出版、集会、结社、游行、示威的自由。但宪法在规定公民言论自由的同时，划定了公民行使言论自由的法律边界。

《中华人民共和国宪法》第三十八条、第四十一条、第五十一条分别规定，禁止用任何方法对公民进行侮辱、诽谤和诬告陷害；不得捏造或者歪曲事实诬告陷害任何国家机关和国家工作人员；不得利用言论损害国家的、社会的、集体的利益和其他公民的合法的自由和权利。这些规定提供了对谣言进行规制的宪法依据。

2. 法律法规

如《中华人民共和国刑法》中，编造并传播证券、期货交易虚假信息罪（第一百八十一条），损害商业信誉、商品声誉罪（第二百二十一条），非法经营罪（第二百二十五条），诽谤罪（第二百四十六条），拒不履行信息网络安全管理义务罪（第二百八十六条），编造、故意传播虚假信息罪（第二百九十一条），寻衅滋事罪（第二百九十三条）等均与规制谣言相关。

《中华人民共和国民法典》第一百一十条、第九百九十条、第一千零二十四条、第一千零二十七条、第一千零二十八条、第一千一百九十四条分别规定了民事主体依法享有包括名誉权、生命权、身体权、健康权、姓名权在内的人格权，禁止用侮辱、诽谤等方式损害公民、法人的名誉权；名誉权受到侵害时，权利人有权要求停止侵害、恢复名誉、消除影响、赔礼道歉、赔偿损失。

《中华人民共和国治安管理处罚法》第二十五条规定，散布谣言，谎报险情、疫情、警情或者以其他方法故意扰乱公共秩序的，处以拘留或罚款。

国务院颁布的《突发公共卫生事件应急条例》第五十二条、《重大动物疫情应急条例》第四十八条规定，在突发事件发生期间散布谣言而扰乱社会秩序、市场秩序的，应当予以行政处罚；构成犯罪的，依法追究刑事责任。

二、针对网络谣言，我国还特别出台了一系列互联网专门法律法规来加强网络谣言治理，营造清朗网络空间。如《中华人民共和国网络安全法》第十二条（基本原则）、第二十四条（实名制）、第四十七条（网络运营者安全保障义务）、第五十条（政府部门管理监督），《全国人民代表大会常务委员会关于加强网络信息保护的决定》《互联网信息服务管理办法》等。

任务演练——分享与讨论

【作业】你有哪些鉴别谣言的小技巧？每人分享一个识破谣言的例子。

_____

_____

_____

_____

_____

_____

_____

_____

_____

_____

任务巩固——给家人辟谣

【搜一搜】打开百度搜索中国互联网联合辟谣平台，查找本月的辟谣榜，并将其传达给家人，如图 2.8 所示。

图 2.8　中国互联网联合辟谣平台×月辟谣榜

项目 3

网络安全

项目介绍

当今，互联网已成为青少年学习知识、获取信息、交流沟通、娱乐休闲的重要方式和途径。网络就像一把双刃剑，当我们将它利用好时，它便会带给我们诸多的便利，丰富我们的生活，让我们看到与现实生活中不一样的精彩部分。可我们一旦沉迷于网络，它会严重损害我们的身心健康，甚至威胁国家与社会的安全与稳定。互联网的普及，让青少年直接接受大量讯息，也"过早"地触及社会的方方面面。由于青少年的网络使用普及率高，活跃度高，是潜在的最可能受到网络安全影响的群体。青少年的安全意识较弱，更应该了解网络安全问题，培养安全上网的好习惯，不断增强抵御网络风险的安全防范能力。

任务安排

学习目标

◇ 掌握网络安全的定义

◇ 了解网络安全的要求

◇ 熟悉网络安全的威胁来源

◇ 掌握网络安全的主要问题
◇ 熟悉网络安全的案例
◇ 了解不同类型的黑客
◇ 了解黑客的正面影响与负面影响
◇ 培养网络安全意识

任务1 什么是网络安全

任务目标

❖ 掌握网络安全的定义
❖ 了解网络安全的要求
❖ 熟悉网络安全的威胁来源

任务场景

小陈最近收到一封"勒索邮件",声称其通过路由器漏洞入侵了小陈的个人电脑,并下载存储了所有的账户信息、浏览网页历史、电话号码、联系人等各类信息,如果不给钱就马上泄露出去。小陈很慌张,立马联系了网警,在网警的帮助下解决了问题。小陈下定决心好好学习网络安全知识,本任务小陈将和大家一起学习什么是网络安全。

任务准备

3.1.1 网络安全的定义

网络安全就是网络上的信息安全,是指网络系统的硬件、软件及其系统中的数据受到保护,不受偶然的或者恶意的原因而遭到破坏、更改、泄露,系统连续可靠正常地运行,网络服务不中断。广义来说,凡是涉及网络上信息的保密性、完整性、可用性、真实性和可控性的相关技术和理论都是网络安全所要研究的领域。网络安全涉及的内容既有技术方面的问题,也有管理方面的问题,两方面相互补充,缺一不可。技术方面主要侧重防范外部非法用户的攻击,管理方面则侧重内部人为因素的管理。如何更有效地保护重要的信息数据、提高计算机网络系统的安全性已经成为所有计算机网络应用必须考虑和解决的一个重要问题。如图3.1所示为2020年我国网络安全宣传的主题"保护人民群众信息安全",切实做到"网络安全为人民,网络安全靠人民"。

随着人类社会生活对互联网需求的日益增长,网络安全逐渐成为各项网络服务和应用进一步发展的关键问题,特别是互联网商用化后,通过互联网进行的各种电子商务业务日益增多,加之互联网技术日趋成熟,很多组织和企业都建立了自己的内部网络并将之与互联网联通。电子商务应用和企业网络中的商业秘密成为攻击者的主要目标。据统计,目前网络攻击手段有数千种之多,网络安全问题变得极其严峻,据美国商业杂志《信息周刊》公布的一项调查报告称，黑客攻击和病毒等安全问题在 2000 年造成了上万亿美元的经济损失，在全球范围内每数秒钟就发生多起网络攻击事件。

图 3.1　网络安全宣传主题保护人民群众信息安全

3.1.2　网络安全的要求

网络安全问题是目前网络管理中最重要的问题，这是一个很复杂的问题，不仅涉及技术，还涉及人的心理、社会环境及法律等多方面的内容。

网络安全通常指计算机网络安全，是指网络系统中硬件、软件和各种数据的安全，有效防止各种资源不被有意或无意地破坏、被非法使用。网络安全管理的目标是保证网络中的信息安全，整个系统应能满足以下 5 个要求，如图 3.2 所示。

图 3.2　网络中信息安全的 5 个要求

一是保证系统的保密性。保证系统远离危险的状态和特性，即为了防止蓄意破坏、犯罪、攻击而对数据进行未授权访问的状态或行为，只能由许可的当事人访问。常用的保密技术包括防侦收（使对手侦收不到有用的信息）、防辐射（防止有用信息以各种途径辐射出去）、信息加密（在密钥的控制下，用加密算法对信息进行加密处理。即使对手得到了加密后的信息，也会因为没有密钥而无法读懂有效信息）、物理保密（利用各种物理方法，如限制、隔离、掩蔽、控制等措施，保护信息不被泄露）。

二是保证数据的完整性。保证计算机系统上的数据和信息处于一种完整和未受损害的状态，只能由许可的当事人更改。完整性与保密性不同，保密性要求信息不被泄露给未授权的人，而完整性则要求信息不致受到各种原因的破坏。影响网络信息完整性的主要因素有设备故障、误码（传输、处理和存储过程中产生的误码，定时的稳定度和精度降低造成的误码，各种干扰源造成的误码）、人为攻击、计算机病毒等。

三是保证数据的可控性。指对流通在网络系统中的信息传播及具体内容能够实现有效控制的特性，即网络系统中的任何信息要在一定传输范围和存放空间内可控。除了采用常规的传播站点和传播内容监控这种形式，最典型的如密码的托管政策，当加密算法交由第三方管理时，必须严格按规定可控执行。

四是信息的可用性。指网络信息可被授权实体正确访问，并按要求能正常使用或在非正常情况下能恢复使用的特征，即在系统运行时能正确存取所需信息，当系统遭受攻击或破坏时，能迅速恢复并能投入使用。可用性是衡量网络信息系统面向用户的一种安全性能（使信息能够按照用户的要求被正常使用）。例如，网络环境下拒绝服务、破坏网络和有关系统的正常运行等都属于对可用性的攻击。

五是信息的不可否认性。指通信双方在信息交互过程中，确信参与者本身，以及参与者所提供的信息的真实同一性，即所有参与者都不可能否认或抵赖本人的真实身份，以及提供信息的原样性和完成的操作与承诺。利用信息源证据可以防止发信方不真实地否认已发送信息，利用递交接收证据可以防止收信方事后否认已经接收的信息。使用不可否认功能，虽然不能防止通信参与方否认通信交换行为的发生，但是能在产生纠纷时提供可信证据，有利于解决纠纷。网络环境中的不可否认可以分为起源的不可否认和传递的不可否认，主要通过数字签名技术实现。

3.1.3 网络安全的威胁来源

一般认为，目前网络存在的安全威胁非常多，如图 3.3 所示。下面介绍 5 个常见的安全威胁。

> 非授权访问。没有预先经过许可，就使用网络或计算机资源的行为被视为非授权访问。如有意避开系统访问控制机制，对网络设备及资源进行非正常使用；或擅自扩大权限，越权访问信息，如假冒身份攻击、非法用户进入网络系统进行违法操作、合法用户以未授权方式进行操作等。

> 信息泄露或丢失。指敏感数据在有意或无意中被泄露或丢失。通常包括信息在传输中丢失或泄露（如"黑客"们利用电磁泄漏或搭线窃听等方式可截获机密信息；或通过对信息流向、流量、通信频度和长度等参数的分析，推出有用信息，如用户口令、账号等重要信息）；信息在存储介质中丢失或泄露；通过建立隐蔽隧道等窃取敏感信息等。

> 破坏数据完整性。以非法手段窃得对数据的使用权，删除、修改、插入或重发某些重要信息，以取得有益于攻击者的响应；恶意添加，修改数据，以干扰用户的正常使用。

> 拒绝服务攻击。不断对网络服务系统进行干扰，改变其正常的作业流程，执行无关程序使系统响应减慢甚至瘫痪，影响正常用户的使用，甚至使合法用户被排斥而不能进入计算机网络系统或不能得到相应的服务。

> 利用网络传播病毒。通过网络传播计算机病毒，其破坏性大大高于单机系统，而且用户很难防范。

图 3.3 网络存在的安全威胁

➡ 任务演练——生活中的网络安全问题

在生活中，你是否遇到过网络安全问题，如果有的话请在下方书写；如果没有的话，分享一下你觉得可能会遇到什么样的问题。

➡ 任务巩固——初探网络安全防护

根据本任务的定义，你觉得应该如何进行网络安全防护。

任务 2　网络安全常见问题

任务目标

❖　掌握网络安全的主要问题
❖　熟悉网络安全的案例

任务场景

×月×日，小陈在一家淘宝网店看中一辆玩具摩托车，与店家一番讨价还价后，双方决定以 400 元的价格达成交易。小陈拍下宝贝后，店家称淘宝上无法修改交易价格，另发了一个支付链接。小陈通过该链接打款后，店家就失去了联系，小陈这才发现自己被骗。所以，不要轻易单击陌生人发来的链接。一些钓鱼链接甚至还存在木马和病毒。本任务小陈将与大家一起了解网络安全的问题与防范。

任务准备

3.2.1　我国网络安全的主要问题

计算机网络近几年在我国的应用已经十分普及，相应地也出现了许多安全问题，成为网络发展的重要障碍，浪费了大量的物力、财力、人力。目前我国网络安全的现状不容乐观，主要存在以下几个问题。

第一，计算机网络系统使用的软、硬件很大一部分是国外产品，外国公司成为最大的获利者，并且对引进的信息技术和设备缺乏保护信息安全所必不可少的有效管理和技术改造。软件除面临价格歧视的威胁外，还可能隐藏着后门，一旦发生重大情况，那些隐藏在计算机芯片和操作软件中的后门就有可能在某种秘密指令下被激活，造成国内计算机网络、电信系统瘫痪。我国计算机制造业对许多硬件核心部件的研发、生产能力很弱，关键部件完全受制于人。

第二，全社会的信息安全意识虽然有所提高，但将其提到实际日程中来的依然很少。许多公司和企业，甚至敏感单位的计算机网络系统基本处于不设防状态。有的即使其网络系统已由专业的安全服务商为其制定了安全策略，但运行一定时间后，发现没有以前使用方便，便私自更改安全策略，一旦遭到攻击已是悔之晚矣。

第三，很多公司在遭到攻击后，为名誉起见往往并不积极追究黑客的法律责任。国内有些公司为保证客户对其的信任，不敢公布自己的损失，更不敢把黑客送上法庭，往往采取私了的方式，这种"姑息养奸"的做法就进一步助长了黑客的嚣张气焰。

第四，目前关于网络犯罪的法律还不健全。互联网毕竟是新生事物，它对传统的法律提出了挑战。比如盗窃、删改他人系统信息属于犯罪行为，但仅仅是观看，既不进行破坏，也不谋取私利算不算犯罪？还比如网上有很多论坛，黑客在里面讨论软件漏洞、攻击手段等，这既可以说是技术研究，也可以说是提供攻击工具，这又算不算犯罪呢？更进一步说，提高网络安全技术水平的有效途径就是做黑客，以掌握网络漏洞。如果使这种黑客行为绝迹，对网络安全整体水平的提高，是不是适得其反呢？所以说，关于网络犯罪的问题还有待研究。

第五，中国信息安全人才培养体系虽已初步形成，但随着信息化进程加快和计算机的广泛应用，信息安全问题日益突出，同时，新兴的电子商务、电子政务和电子金融的发展，也对信息安全专门人才的培养提出了更高要求，目前我国信息安全人才培养还远远不能满足需要。

另外，很多机构还存在安全意识不强、缺乏整体安全方案、对系统没有进行安全漏洞管理、没有完善的安全管理机制等问题。

3.2.2 网络安全问题的具体案例

风靡全球的勒索病毒和挖矿病毒、时有发生的电信诈骗、公共场所的 Wi-Fi 陷阱、防不胜防的个人信息泄露等危害事件时有发生，让我国网络安全面临层出不穷的新问题。维护网络安全是全社会的共同责任，需要政府、企业、社会组织、广大网民共同参与，共筑网络安全防线。只有把网络安全意识上升并贯彻到全社会的层面中，网络安全的防线才能牢筑不倒。下面我们与大家一起分享假冒网络热点、勒索软件、个人信息泄露、钓鱼网站等方面的案例，帮助大家应对常见的网络安全风险。

【假冒网络热点】手机上网有点贵，蹭网可省流量费。目前，家用无线宽带路由器非常普及。受无线信号传输距离限制，商业机构通常使用多个接入点提供区域信号覆盖。有句俗话：免费热点见就连，当心背后有风险。IC、IP、IQ 卡，统统可能丢密码！简单的一句话道出了随便连热点的危害，攻击者利用人们节省流量费的心理，架设假冒的 Wi-Fi 热点，对受害人进行窃取数据、注入恶意软件、下载有害内容等侵害。一台笔记本、一块无线网卡、一套网络包分析软件、一根天线就可以伪造一个 Wi-Fi 网络，成本非常低，技术要求也不高。

防范建议：

一是仔细辨认真伪。向公共场合 Wi-Fi 提供方确认热点名称和密码；无须密码就可以访问的 Wi-Fi 风险较高，尽量不要使用。

二是避免敏感业务。不要使用公共 Wi-Fi 进行购物、网上银行转账等操作，避免登录账户和输入个人敏感信息。如果对安全性要求高，可以使用 VPN 服务。

三是关闭 Wi-Fi 自动连接。黑客会建立同名的假冒热点，利用距离近、信号强等优势成为直接入点的"邪恶双胞胎"。一旦手机自动连接上去，就会造成信息泄露。

四是注意安全加固。为 Wi-Fi 路由器设置强口令及开启 WPA2 是最有效的 Wi-Fi 安全设置。

五是运行完全扫描。安装安全软件，进行 Wi-Fi 环境等安全扫描，降低安全威胁。

【勒索软件】勒索软件是通过锁定系统屏幕或锁定用户文件阻止或限制用户正常使用计算机，并以此要挟用户支付赎金的一类恶意软件。勒索软件的策略包括锁定屏幕、删除备份文件、加速删除文件、提高赎金金额等。赎金形式包括真实货币、比特币及其他虚拟货币。主要传播方式有网页挂马传播、捆绑传播、邮件传播、漏洞传播、社交网络传播等。

防范建议：

一是拒付赎金。支付赎金会助长攻击者的气焰。攻击者还会通过用户支付赎金速度对用户财务、数据价值等情况进行分析，用户可能从此便被盯上。

二是防毒杀毒。尽量到官方网站下载软件，安装正规杀毒软件，运行下载软件之前先进行病毒扫描。

三是及时更新。关注操作系统安全公告，及时安装安全补丁，尽早堵住漏洞。

四是封堵端口。关闭无用的计算机服务端口，开启 Windows 防火墙，减少被攻击的"通道"。

五是做好备份。使用光盘/移动硬盘等介质，对文档、邮件、数据库、源代码、图片、压缩文件等各种类型的数据资产定期进行备份，并脱机保存。

【个人信息泄露】个人信息是指以电子或者其他方式记录的能够单独或者与其他信息结合识别自然人个人身份的各种信息，包括但不限于自然人的姓名、出生日期、身份证号码、个人生物识别信息、住址、电话号码等。个人敏感信息，是指一旦遭到泄露、非法提供或滥用可能危害人身和财产安全，极易导致个人名誉、身心健康受到损害或歧视性待遇等的个人信息。个人信息泄露的原因有随手乱丢快递单、星座/性格测试、分享送流量、微博发帖、朋友圈分享旅行信息、晒图、允许陌生人查看社交网络个人档案、允许陌生人查看朋友圈图片、机构数据泄露等。

防范建议：

一是完全撕碎快递单。

二是拒绝参加星座、性格测试。

三是分享送流量确认是官方产品或业务活动，否则涉嫌诱导分享。

四是凡是要求输入个人信息领取的都是假红包。

五是旅行途中尽量不晒图。

六是拍照时关闭 GPS，删除图片属性中的位置相关信息，发送照片的截屏图。

七是朋友圈设置访问规则，限制访问范围（如关闭微信/我/设置/隐私/允许陌生人查看十张照片）。

八是关注信息泄露事件、及时调整设置口令、更换信用卡等。

【钓鱼网站】钓鱼网站是一种网络欺诈行为，指不法分子仿冒真实网站地址及页面内容，或者利用真实网站漏洞在某些网页中插入危险代码，以此来窃取用户银行或信用卡账号、密码等私人资料。主要表现方式有以公司周年庆、幸运观众、低价机票、电话充值、征婚交友为名，诈骗用户填写身份证号码、银行账户等信息。

防范建议：

一是察"颜"观色。留意网站配色、内容、链接等细微之处。但对攻击者完整克隆网站的钓鱼方式无法适用。

二是注意提示。已被举报加入黑名单的网站，安全浏览器会提示"危险网站"。

三是安全标志。支付相关的网站一般网址以 HTTP 开头，在网络地址栏会有彩色图标或锁头，可单击查看网站被权威机构认证的信息。

四是学会悬停。不盲目相信搜索引擎的推荐，不乱单击邮件、微信、微博、短信中的网址，尤其是短网址。

五是细辨网址。有的网址与知名网站的网址很像，你仔细观察，会发现网址中有的字母已被混淆，需要我们认真辨别。

【恶意二维码】二维码是在平面上使用若干个与二进制数字 0 或 1 相对应图形来表示数据信息的几何形体。角落上的三个方块用于二维码扫描设备进行定位。大量用于信息获取、广告推送、优惠促销、防伪、支付等活动。主要表现方式有将病毒或木马挂在网上得到网址、利用二维码生成软件将网址转换成二维码、使用恶意二维码煽动性的话语诱骗用户扫描下载和安装木马等。

防范建议：

一是关注来源。对街边各种二维码提高警惕，不扫描不明来源的二维码，如假冒的停车罚单上的付款码等。

二是安全扫描。利用手机管家等二维码安全检测软件协助判别是否为恶意网址，背后是否有恶意软件。

三是分辨真假。有骗子在共享单车上的解锁二维码上覆盖粘贴一层新的、底色透明的二维码，或打印纸张贴在车上。要求转账或下载软件时要注意辨别资金去向和软件来源。

【电信诈骗】电信诈骗是指犯罪分子通过电话、短信或网络方式，编造虚假信息，设置骗局，对受害人实施远程、非接触式诈骗，诱使受害人给犯罪分子打款或转账的犯罪行为。主要话术有"我是公安部反洗钱中心工作人员，你涉嫌洗钱犯罪，请按要求把资金转入安全账户配合调查"，"恭喜你获得××节目幸运观众一等奖，奖金 10 万元！赶紧单击链接领取奖金，过期作废！"，"我是××教育局工作人员，你有一笔助学金，今天就要截止啦。赶紧带上银行卡去取款机上取钱！"等。

防范建议：

一是暑期升学季冒充"助学金"信任诈骗多，九月入学季"装可怜求助"的同情诈骗多，"双十一"购物季"低价购物"的贪婪诈骗多……骗子是全天候"工作"的，遇事要多想多问多商量。

二是 170、171 号段属于虚拟运营商，被诈骗分子大量利用。留心来电口音和号码归属地，网上搜索电话号码查看该号码是否已被标注为骗子。

三是不要通过 ATM 机向陌生人转账，老年人要守住儿女的辛苦钱，青年人要守住老人的保命钱。

四是发生诈骗后第一时间拨打 110 报警，说清嫌疑人和受害人的银行卡号，通过紧急止付最大程度上保护被骗的资金。

➡ 任务演练——设定一个安全的口令

黑客如果想知道文件的解密信息，也会使用密码破解技术进行解密。常见的密码破解方法有暴力破解、字典攻击、网络嗅探、键盘记录器拖库和撞库等。该任务要求大家学习创建一个安全的命令。

防范建议：

一是避免弱口令。如登录名的任何一部分、字典中的任何单词、曾经用过的口令的一部分、键盘上相邻的键（如 Q、W、E、R、T、Y）、与个人信息相关。

二是设置强口令。如至少 8 个字符，至少包含大写和小写字母（A~Z，a~z），至少包含一个数字（0~9），至少包含一个特殊字符（如~!@#$%^&*()_+=），不同网站设置不同的用户名、口令。

➡ 任务巩固——了解黑客的前世今生

几乎每个接触互联网的人都会遇到网络安全问题，这主要是黑客在发动网络攻击。而网络安全也是在与黑客的较量中不断进步的。请使用搜索引擎查找黑客的相关信息。

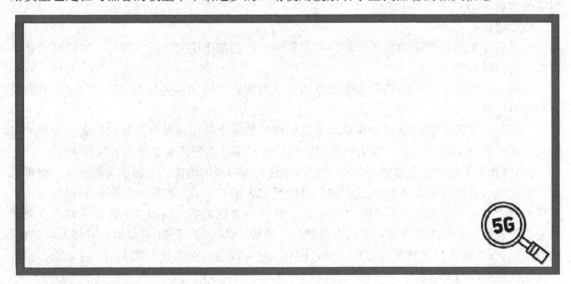

任务 3　黑客和网络安全

任务目标

❖　了解不同类型的黑客
❖　了解黑客的正面影响与负面影响

任务场景

小陈在学习网络安全知识的过程中，逐渐成为熟练的计算机专家。他发现网络和计算机系统中存在很多缺陷，通过漏洞可以攻击其他人的计算机，这种计算机专家也被人称为黑客。本任务小陈将与大家一起了解黑客和网络安全。

任务准备

3.3.1　了解不同类型的黑客

黑客是指利用系统安全漏洞对网络进行攻击破坏或窃取资料的人。黑客起源于 20 世纪 60 年代。黑客一词，源于英文 Hacker，原指热心于计算机技术，水平高超的计算术专家，尤其是程序设计人员。黑客是利用他们对计算机和技术的广泛了解，通过可能需要也可能不需要非法取消网络安全措施的手段解决问题的人。黑客通常精通多种编程语言和网络协议，以及计算机系统和网络架构。区分黑客的方法是看他们隐喻帽子的颜色。黑帽的行为怀有恶意，而白帽是有益的，灰帽使用黑帽技术，但具有白帽意图，如图 3.4 所示。

图 3.4　黑客中黑帽、灰帽、白帽的区别

白帽黑客和灰帽黑客在行业或政府中都有就业前景，但黑帽黑客通常被困在逃避法律的困境中。他们之间的区别不是指他们的技术，而是指他们的意图和道德取向。

（1）白帽黑客："好人"

白帽黑客通常被聘为公司或政府的安全专家。他们只在获得许可的情况下入侵计算机系统，并且只有积极的意图——如报告漏洞以便修复它们。

（2）黑帽黑客："坏人"

黑帽黑客通常在未经同意的情况下在任何地方闯入任何计算机系统。他们在法律之外运作，通常寻求某种个人利益，无论是经济利益还是信息利益。这些黑客还可能利用他们的技能来保护和支持其他类型的犯罪分子。

（3）灰帽黑客：介于白帽黑客与黑帽黑客之间

尽管灰帽黑客可能会通过未经授权侵入计算机系统而触犯法律，但区别在于他们的推理。灰帽黑客的行为是出于善意，例如，当黑客告知公众公司系统中可能影响他们的漏洞时。当然，灰帽黑客仍然可能因犯罪活动而被起诉，无论其背后的意图如何。

3.3.2　黑客的正面影响

第一，黑客技术一直在不断推动互联网的发展。黑客技术促使计算机和网络产品供应商不断改善他们的产品，对整个互联网的发展起到了积极的推动作用。毋庸置疑，与其他任何事物一样，黑客也具有两面性，它既有对网络的攻击性，也可以对互联网起到保护的作用。要掌握黑客技术并发现互联网漏洞，通常要求此人对计算机和网络系统非常精通。一般来说，发现并证实一个计算机系统漏洞可能需要做大量测试、分析大量代码和长时间的程序编写。从这一点看，黑客所从事的工作其实非常枯燥乏味。所以，我们应该一分为二地看待黑客技术，事实上，黑客技术本身不存在好与坏，而关键在于使用黑客技术的人。

第二，黑客促使网络安全技术得以不断提升。回顾互联网的发展史，可以毫不夸张地说，正是由于黑客技术的存在，才催生了网络安全行业。黑客与网络安全专家的博弈过程，实际上在某种程度上直接促进了互联网安全技术的发展，使得互联网的安全体系更加科学完善，使互联网的安全防护技术更加先进。

第三，网络安全技术服务需要黑客的参与。从计算机和网络系统长远发展的角度来看，黑客对产品的测试和修补建议将有助于提高产品的安全性，对于客户和供应商都是有利的。随着互联网技术的不断深入发展，网络安全技术服务水平也需随之不断提高，如果不去研究开发黑客技术，或者没有发现客户系统潜在隐患的能力，那么，其网络安全服务质量是无法得到提升的。

第四，一个国家的黑客技术发展是有利于维护国家安全的。在信息时代，一个国家重要部门的网络是无法完全与互联网相脱离的，在大数据的背景下，更是如此，任何行业都需要使用网络来沟通。从信息国家安全、国防安全的角度看，黑客技术的发展更有利于国家安全和国防建设的大局。在信息技术快速发展、不断迭代的今天，我们需要开发自己的网络安全产品来为信息产业保驾护航，为达此目的，需要本领高强的黑客参与网络安全产品的研发和测试。

3.3.3 黑客的负面影响

国内网络黑客数量及入侵案件呈现不断上升的趋势，直至近年网络黑客的危害得到了群众及相关部门的重视，通过提高防范意识，加强防范手段，完善法律法规等使网络黑客行为受到了一定的压制，但是仍旧存在很大的威胁，所以充分认识网络黑客所能造成的危害极有必要性。

第一，**非法入侵他人系统，窃取他人隐私。**网络黑客通过制造木马程序或运用黑客工具，通过网页或下载等方式入侵他人个人计算机系统，以达到窃取他人资料或隐私的目的。这种手段在大部分网民中早已经司空见惯，但是并没有一个能够杜绝此隐患的措施。网络黑客盗取个人隐私造成的危害主要表现为损害他人名誉，敲诈和勒索他人，使他人计算机系统瘫痪等。

第二，**入侵金融系统，盗取商业信息。**网络黑客利用专业的手段可以入侵有漏洞的金融系统，以达到盗窃等目的，影响正常的金融体系运行或破坏经济秩序。当网络黑客入侵某企业的系统后，可以得到有价值的商业信息，使用这些商业信息诈骗或将商业信息贩卖从中获利，这种行为严重影响了商业活动的正常运行，对公平的市场竞争体制造成了损害。

第三，**入侵国家或政府系统，充当政治工具。**专业黑客通过入侵国家或政府信息系统盗取国家机密及军事政治情报等，严重危害国家的安全，这种行为造成的损失是用金钱无法衡量的。如果黑客入侵国家的交通、经济部门，极有可能造成全国性正常秩序的紊乱，破坏性极大。

第四，**黑客技术用于战争。**许多黑客标榜自己无意对社会造成危害，只是研究各种系统的漏洞，但是事实上还是对社会的正常秩序造成了影响，黑客技术是一把双刃剑，可以应用于各个行业甚至在战争中取得更多的情报，如入侵敌人信息系统以得到最准确的军事信息，在对方的系统中发布虚假信息与病毒导致对方系统瘫痪失灵，这也正是黑客可能造成的危害，应当予以重视。

➔ 任务演练——学会应对黑客攻击

假如有一天你发现家里的计算机跟自己平常打开的时候不一样，你会采取什么应对措施呢？

➡ 任务巩固——保护个人敏感信息

打开自己的微信或者抖音，看看里面有多少可能暴露自己个人信息的选项没有关闭，赶紧关闭它。

任务4　快乐安全地使用互联网

➡ 任务目标

❖ 培养网络安全意识

➡ 任务场景

小陈在学习了一段时间的网络安全知识后，有了很多个人心得，本任务小陈将跟大家一起分享自己安全使用互联网的经验。

➡ 任务准备

互联网技术的飞速发展，给人们带来诸多便利的同时也隐藏着许多安全隐患，这就需要人们树立正向的网络安全观，正确使用网络。要想快乐安全地使用互联网，可以从以下7个方面做起。

（1）如何避免电脑被安装木马程序

安装杀毒软件和个人防火墙，并及时升级；可以考虑使用安全性比较好的浏览器和电子邮件客户端工具；不要执行任何来历不明的软件；对陌生邮件杀毒后，再下载邮件中的附件；经常升级系统和更新病毒库；不要安装非必要的网站插件；定期使用杀毒软件查杀电脑病毒。

（2）日常生活中如何保护个人信息

不要在社交网站类软件上发布火车票、飞机票、护照、照片、日程、行踪等；在图书馆、打印店等公共场合，或是使用他人手机登录账号，不要选择自动保存密码，离开时记得退出账号；从常用应用商店下载 App，不从陌生、不知名应用商店、网站下载 App；填写调查问卷、扫二维码注册尽可能不使用真实的个人信息。

（3）预防个人信息泄露需要注意什么

需要增强个人信息安全意识，不要轻易将个人信息提供给无关人员；妥善处置快递单、车票、购物小票等包含个人信息的单据；个人电子邮箱、网络支付及银行卡等密码要有差异。

（4）如何注册网络账户

在注册时，尽可能不使用个人信息（名字、出生年月等）作为电子邮箱地址或是用户名，容易被撞库破解。

（5）如何防止浏览行为被追踪

可以通过清除浏览器 Cookie 或者拒绝 Cookie 等方式防止浏览行为被追踪。

（6）实名认证的时候需要注意什么

现在，游戏都设置了未成年人防沉迷机制，通常需要用户进行实名认证，填写实名信息过程中，有一些游戏会过度收集个人信息，如家庭地址、身份证照片、手机号等，仔细阅读实名信息，仅填写必要的实名信息，不能为了游戏体验而置个人信息安全于不顾。

（7）为什么 App 涉及的赚钱福利活动提现难

许多"赚钱类"App 时常以刷新闻、看视频、玩游戏、走步数为赚钱噱头吸引用户下载注册，背后原因是流量成本越来越贵，难以形成集中的阅读量和爆发性增长的产品，通过加大提现难度，迫使用户贡献流量和阅读量。

➡ 任务演练——分享网络安全知识

营造网络安全之风、文明之风、法治之风，不能只依靠警察的严厉打击，也不能只依靠政府的呼吁号召，真正依靠的是使用网络的你、我、他。我们每个人，都是网络安全的守护者。将本项目学到的网络安全知识分享给他人吧。

➡ 任务巩固——自主探究

你在网络上看到侮辱、诽谤别人的行为时，请问你是如何应对的呢？请在下面方框中写一下。

项目4

网络交流

<<<<<<

项目介绍

大家很容易发现一个现象，就是现实生活中遇到的人普遍比较友好，如果不涉及利益冲突，或者遇到脾气特别暴躁的人，很难吵起来。但在网络上，两个人吵起来像家常便饭一样常见，往往不涉及利益冲突，只是观点甚至喜好不同。在网络上，一个人基本只能靠语言来表露自己的情绪，而因为大家的习惯及语言本身的局限性，双方往往无法正常地从对方的文字中获得足够的情绪信息。简单地说，网络交流是一种严重缺乏情绪互动的场景，大家普遍会忽视对方的情绪，并且容易陷入自己的情绪之中，从而让交流变成了互相发泄情绪，于是网络暴力、网络骂战、网络谣言就产生了。如何在网络中保持理性交流就显得很重要。

任务安排

任务1　什么是网络交流
任务2　失范的网络交流
任务3　网络交流"任性"的原因
任务4　如何理性地进行网络交流

学习目标

◇ 掌握网络交流的定义
◇ 了解网络交流的主要形式

◇ 掌握网络暴力的概念
◇ 熟悉网络交流失范的常见类型
◇ 掌握非理性表达的原因和表现形式
◇ 了解网络交流的规则
◇ 学会理性地进行网络交流

任务1 什么是网络交流

任务目标

❖ 掌握网络交流的定义
❖ 了解网络交流的主要形式

任务场景

小陈最近喜欢在 QQ 群里面聊天，这里有很多志同道合的朋友，他们一起讨论网络知识，一起快乐地敲代码。网络使他们毫无障碍地随时交流，也可以便捷地分享自己所学的知识。本任务小陈将和大家一起了解什么是网络交流。

任务准备

4.1.1 网络交流的定义

网络交流在网上表现为以各种社会化网络软件进行互动交流，例如微博、贴吧、论坛等。互联网使一种全新的人类社会组织和生存模式悄然走进我们的生活，构建了一个超越地球空间之上的、巨大的群体——网络群体，21 世纪的人类社会正在逐渐浮现出崭新的形态与特质，网络全球化时代的个人正在聚合为新的社会群体。

网络交流的起点是电子邮件。互联网本质上就是计算机之间的联网，早期的 E-mail 解决了远程邮件传输的问题，至今它仍是互联网上最普及的应用，同时也是网络交流的起点。BBS 则更进了一步，把"群发"和"转发"常态化，理论上实现了向所有人发布信息并讨论话题的功能。

人类历史上，大凡重要的技术革命都伴随媒介革命，人类任何活动本质上都是信息活动，信息流的传递介质、管理方式的不同将决定你接受信息的不同，所有有关信息流媒介的变革一定是底层的变革——网络交流也是如此。从网络交流的演进历史来看，它一直在遵循"低成本替代"原则，即降低人们交流的时间和物质成本，或者说是降低管理和传递信息的成本。

与此同时，网络交流一直在努力通过不断丰富的手段和工具，替代传统交流来满足人类的交流需求，并且正在按照从"增量性的娱乐"到"常量性的生活"这条轨迹不断接近基本需求。

网络交流更是把其范围拓展到移动手机平台领域，借助手机的普遍性和无线网络的应用，利用各种交友/即时通信/邮件收发器等软件，使手机成为新的交流网络的载体。通过网络这一载体把人们连接起来，从而形成具有某一特点的团体。

4.1.2 网络交流的主要形式

"对方正在输入……"，这句话是不是很熟悉？社交的概念严格来讲是人们之间通过传递信息以达到某种交流的各项活动的总称。当"社交"走向网络，诸多产品化的社交软件成了人们手机里必备的应用之一。

（1）电子邮件

电子邮件（E-mail）是一种用电子手段提供信息交换的通信方式。是 Internet 应用最广的服务：通过网络的电子邮件系统，用户可以用非常低廉的价格（不管发送到哪里，都只需负担电话费和网费即可），以非常快速的方式（几秒钟之内可以发送到世界上任何你指定的目的地），与世界上任何一个角落的网络用户联系，这些电子邮件可以是文字、图像、声音等各种方式。同时，用户可以得到大量免费的新闻、专题邮件，并实现轻松的信息搜索。这是任何传统的方式无法比拟的。正是由于电子邮件的使用简易、投递迅速、收费低廉、易于保存、全球畅通无阻的优点，使得电子邮件被广泛地应用，它极大地改变了人们的交流方式。另外，电子邮件还可以进行一对多的邮件传递，同一邮件可以一次发送给许多人。最重要的是，电子邮件是整个网络系统中直接面向人与人之间信息交流的系统，它的数据发送方和接收方都是人，所以极大地满足了大量存在的人与人通信的需求。

（2）网络电话

网络电话（Internet Phone，IP），按照信息产业部新的《电信业务分类目录》，实现了 PC Phone，是具有真正意义的 IP 电话。系统软件运用独特的编程技术，具有强大的 IP 寻址功能，可穿透一切私网和层层防火墙。无论是在公司的局域网内，还是在学校或网吧的防火墙背后，人们均可使用网络电话，实现电脑—电脑的自如交流，无论身处何地，双方通话时完全免费；也可通过电脑拨打全国的固定电话、小灵通和手机，和平时打电话完全一样，输入对方区号和电话号码即可，享受 IP 电话的最低资费标准。其语音清晰、流畅程度完全超越现有 IP 电话。

（3）网络传真

网络传真（Internet Facsimile），也称电子传真，是传统电信线路（PSTN）与软交换技术（NGN）的融合，是无须购买任何硬件（传真机、耗材）及软件的高科技传真通信产品。网络传真是基于 PSTN（电话交换网）和互联网络的传真存储转发。它整合了电话网、智能网和互联网技术。其原理是通过互联网将文件传送到传真服务器上，由服务器转换成传真机接收的通用图形格式后，再通过 PSTN 发送到全球各地的普通传真机或任何的电子传真号码上。

（4）网络新闻

网络新闻是突破传统的新闻传播概念，在视、听、感方面给受众全新的体验。它将无序化的新闻进行有序的整合，并且大大压缩了信息的厚度，让人们在最短的时间内获得最有效的新闻信息。网络新闻的发布可省去平面媒体的印刷、出版等步骤，依靠电子媒体的信号传输、采集声音图像等技术。

（5）即时通信

即时通信（Instant Messaging，IM）是指能够即时发送和接收互联网消息等的业务。自1996年面世以来，特别是近几年发展迅速，即时通信的功能也日益丰富，逐渐集成了电子邮件、博客、音乐、电视、游戏和搜索等多种功能。即时通信不再是一个单纯的聊天工具，它已经发展成集交流、资讯、娱乐、搜索、电子商务、办公协作和企业客户服务等于一体的综合化信息平台。典型的代表有微信、抖音、QQ、BigAnt、有度即时通、如流（原百度Hi）、Skype、Gtalk、新浪UC、MSN、钉钉、企业微信、360织语、飞书等，也是现在网络交流最主要的形式，如图4.1所示为当前常见的即时通信软件。

图 4.1　常见的即时通信软件

➔ 任务演练——分享你觉得最好用的即时交流软件

分享你觉得最好用的即时交流软件，并讲一下它的优点。

任务巩固——初探网络交流纠纷

你觉得网络交流中存在什么问题？会引发什么纠纷？

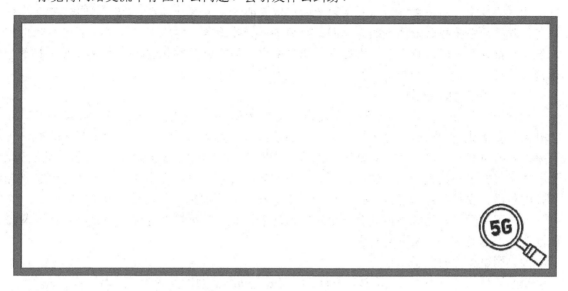

任务2 失范的网络交流

任务目标

- ❖ 掌握网络暴力的概念
- ❖ 熟悉网络交流失范的常见类型

任务场景

近日，湖南某县某中学举行高考冲刺百日誓师大会，一名高三学生代表因激情澎湃的发言遭受网暴，引发网络关注。小陈很好奇，为什么一些网友对一个高中生都缺乏宽容，他们蜂拥而至、强带节奏、辱骂攻击，不断挑战着法律和道德的底线。本任务小陈将带大家一起了解失范的网络交流。

任务准备

4.2.1 网络暴力

网络暴力是最典型的网络交流失范。网络暴力是暴力的一种，是指借助互联网这一载体，对受害者进行谩骂、抨击、侮辱、诽谤等，并对当事人的隐私权、人身安全权及其正常生活造成威胁或某种不良影响的行为。每一个网友，在网络世界中都是孤独的，容易遭到"网暴"的伤害。当个体遭遇"网暴"后，个体的应对、维权，总是相对柔弱的，甚至是消极的。在

"网暴"事件中，一些施暴者往往会全身而退，留下受害人承受压力、公众无可奈何。

而在如今这个网络发达的时代，哪里有热度，哪里就不乏网络"喷子"。在这里"喷子"这个词主要是指一些在网络论坛和平台上断章取义或无故反对他人观点的人。同时，也指那些在日常生活中无故诋毁他人的人。网络"喷子"无孔不入，他们把枪口对准了有热度的名人甚至老百姓。只要谁有话题，谁站在了舞台中央，他们就会发起进攻，用网络语言来抨击舞台上的人。

（1）网络暴力的例子一

2018 年 8 月 20 日，四川德阳的安某和丈夫去游泳，游泳池里的两个 13 岁男孩可能冒犯了安某。安某让他们道歉，男孩拒绝并向他们吐口水，安某的丈夫冲过去把男孩压进水里。后来，男孩的家人在厕所里打了安某。最后双方报警，安某的丈夫当场向孩子道歉。第二天，男孩的家人去了安某夫妇的单位，让领导开除安某。安某的情绪变得很差。之后，经过网络媒体的传播，安某被人肉搜索。8 月 25 日，安某在压力下选择自杀，最终抢救无效死亡。

如果那些网络媒体能够客观公正地对待这件事，而不是盲目地辱骂、污蔑，以吸引人们的注意力，这场惨剧可能不会发生。

（2）网络暴力的例子二

李某曾参与某卫视的《变形计》节目，近期成为网络暴力的受害者。因为她未能成功"变形"，反而情况恶化，遭受了网民的恶意攻击和恶语相向。这种攻击不仅是对李某本人的不尊重，更是对她私生活的侵犯。在持续的网络炮轰下，李某不得不在微博上宣布与养父母断绝关系。这一事件再次提醒我们，网络暴力对个人和家庭造成的伤害是巨大的，应引起社会的高度关注和制止。

（3）网络暴力的例子三

"即使大家骂我，抵制我的饭店，也可以。有些脏水冲着我来，和我妻子儿子没有半点关系。"回首半个多月前的事，童某悔恨不已，最近，他几乎每天都失眠，已瘦了十多斤。

6 月 18 日晚上，童某两岁的小儿子被泰迪犬咬伤，他说，自己护儿心切，怒不可遏。令他意想不到的是，一只泰迪犬之死，在当事人和解的情况下，却掀起了网络舆论的浪潮。电话、短信的辱骂、指责向他袭来。有些偏激的网友甚至对童某及其家人发出死亡威胁，不堪骚扰的童某妻子林某选择割腕自杀欲以人命偿狗命。

有人说，历史给人的唯一教训，就是人们从来没有从历史中吸取过任何教训，网络暴力这头野兽一再证明，一旦被召唤出来，没有人能预料它的食欲。

4.2.2　网络交流失范的常见类型

一些网友在现实交往中难以获得需要的满足，便试图在网络世界中得到补偿。如今，不少网友偏重于"人机对话"式的网上人际交往，热衷于网络交友，迷恋上网寻找所谓的友谊。在网络世界里，更有一些网友有一种"特别自由"的感觉和"为所欲为"的冲动，自我约束力不足和道德自律意识不强，违背网络交往道德规范，做一些平时不可能做，也明显是不道德的行为。一些网络交流失范行为在网络上屡有发生，主要表现以下 5 个方面。

其一，一些领域的欺诈、失信行为在网络上多有出现。有的商家为了达到经济利益，在网站上散布一些不实信息，夸大宣传商品价值；有的商家则为了攫取高额利润，通过网络销售假冒伪劣产品；有的网络主体利用情感交流等手段，进行情感欺骗，骗钱骗色；还有的人则大量盗取个人信息，倒卖个人信息，更严重者，不惜出卖国家利益，将一些敏感信息卖给敌对分子。网络空间中的商业诈骗、电子欺诈、情感潜篮等行为，造成了网络行为失信。

其二，一些网络谣言、不负责任的言论在网络上不断传播。例如，一些明星为了炒作自己，通过一些网站或自媒体大肆渲染炒作隐私，有的网友在不知情的情况下，转载点赞，造成了网络谣言肆虐；一些不负责任的网络主体，编造转载一些虚假信息，传播一些来源不明的消息，甚至引起一定程度的网络恐慌。这些谣言、不负责任的言论严重干扰了正常的网络秩序，在一定程度上造成了网络言论的失真。

其三，一些网络赌博、暴力行为造成了网络暴力盛行。一些网站为了利益，在网上传播血腥暴力的图片、文字和视频；一些网站为了牟取暴利，在网上组织非法赌博，采用非法手段吸引玩家；一些网站设计网络病毒，蓄意攻击政府或个人系统；还有一些网友在网上肆意谩骂他人，发表一些侮辱性的言论。这些行为严重影响了网络安全和个人安全，甚至影响了现实社会的稳定安全。

其四，一些网络水军、围观现象造成了网络冷漠严重。一些网友在面对网络受害者、受难者时不仅没有给予一定的同情和帮助，而且还围观"吃瓜"，甚至恶言相向，完全不顾他人的处境；还有一些网友对于时事热点、焦点事件，不能保持理性心态，或围观"吃瓜"，或起哄闹事，或推波助澜，加上一些网络水军，大肆灌水，造成了网络舆论的道德绑架。

其五，一些网络低俗、庸俗想象造成了网络恶俗现象。一些网站为了吸引网友的眼球，借助戏说、演义等形式宣传一些低俗媚俗的言论；一些网站大肆宣扬网红、富二代等消极信息，极大地消磨了青少年的奋斗意识；一些网站游走于法律边缘，抛出一些有争议性的话题，误导网友的价值取向。这些庸俗、低俗的信息严重影响了网友正确的价值观、世界观的树立，甚至对现实社会的主流思潮形成了负面影响，造成了网络秩序的混乱。

➡ 任务演练——"君子同道，小人同利"

2022年9月，李某报警称其在网上认识一男子，对方称通过投资可以赚钱，单单都给返现，保证稳赚不赔。李某听后有些心动，便下载某App进行刷单返利。在对方指导下先小投了几笔，都有盈利并提现成功。尝到甜头的李某加大了投资金额，多次向对方提供的银行卡账户转账共计20万元，提现失败后意识到自己被骗，遂报警。经过近1个月的细致调查，民警将犯罪嫌疑人孙某、张某抓获。

想一想：

网络交流需谨慎，凡是以"稳赚不赔"为由带你投资或赌博的，都是诈骗！如果你是李某，你能不能抵御"高额利润"的诱惑呢？

➡ 任务巩固——抵制网暴，从何做起？

近年来，因为承受不了"网络暴力"导致当事人自杀的事件时有发生。面对网暴，我们应该如何应对？

任务3 网络交流"任性"的原因

任务目标

❖ 掌握非理性表达的原因和表达形式

任务场景

小陈最近逛贴吧的时候，经常发现有人毫无逻辑地指责别人，也就是我们常说的"喷子"，他们不去探究事件的来龙去脉，喜欢成群结队地暗箭伤人。有时候还喜欢在一些讨论时事的帖子中带节奏，刻意引导舆论，以达到某些目的。"喷子"的存在导致贴吧乌烟瘴气。当然不仅存在于贴吧，也不仅是"喷子"这一现象，本任务小陈将带大家一起了解网络交流"任性"的原因。

任务准备

4.3.1 非理性表达的表现形式

非理性表达指的是人在有别于理性思维的精神因素（如情感、直觉、感觉、下意识等）的控制下所做出的语言或者行为。在网络这样一个虚拟的世界中，非理性表达呈现出一些新的特点。

话语上的谩骂和情感上的泄愤。在网络这一虚拟的社会中，网友往往针对热点事件发表自我看法，即使是在未弄清信息来源是否真实的情况下，即开始了"自我审判"。例如，2010年10月16日21时40分许，河北省某市某单位实习生李某酒后驾车在河北某大学新校区的生活区撞倒两名女生陈某和张某后扬长而去，其中陈某不治身亡。事件发生后，迅速在网络上广泛传播，网民针对当事人李某说的"我爸是李刚"这句话展开了铺天盖地的讨伐。新浪网友"菜头"说："社会上就是有这样的渣滓儿子和渣滓老爹，才会有这么多的不公平！"除直接的"恶言相向"外，网友还将李刚父子的事迹改编为口水歌、绕口令、小说、MV 等形式，极尽挖苦讽刺。猫扑网还最先发起了名为"'我爸是李刚'造句大赛"的活动，参与者迅速过万。或者是 PS 图片，丑化当事人及家属的形象，在网上广为传播。

车祸发生后，网民发动人肉搜索，对于父子俩的隐私一"挖"再"挖"。案发后不久，网上便贴出了李某本人及其与女友的私生活照。随后，李某的电话号码、QQ 号、车牌号码、家庭住址等真实资料被一一公布。值得注意的是，在该车祸案中，网友的轮番搜索又引发了一连串的连锁反应。首先，另一位"被当事人"李刚被网友"人肉"出在其和其儿子名下的五处具体房产，引来"贪污腐败"的质疑；其次，该大学校长王某的学术论著被查出涉嫌抄袭，相关部门虽未介入调查，但"新语丝"网站的负责人方舟子已经拿出详细资料例证其学术造假成立；再次，该大学学生陷入"封口门"事件，案件发生后，该大学学生的集体沉默让网友怀疑其遭人有意"封口"。一连串的事件此起彼伏，在网络上掀起了一个又一个讨论热潮。

网络技术的发展使得整个世界的联系日益加强，成为麦克卢汉所预言的真正的"地球村"。网络世界既是现实世界的反射，也区别于现实世界有着自己的特点。匿名性就是其中之一。在网络上，人们进行人际传播、群体传播不再是面对面，取而代之的是用独有的网络代号进行交流。而这些代号又是匿名的，即便你发表了不真实、违反社会道德的言论，也不用像现实生活中那样受到周围人们异样的眼光甚至是谴责。这样一来，网络上信息来源的真实性也就无从考证。大多数网友面对这样的消息时，很少质疑其真实性进而辨别真假，表现出一种群体的盲从与冲动。尤其是在发生了容易触犯"众怒"的事件时，网友大多数情况下往往不辨真伪，随波逐流，网络舆论也容易在这样的虚假信息传播下发生错位与偏移。因此，网络的匿名性成为网络交流"任性"得以成立的技术条件。

图 4.2　保持理性与任性的平衡

4.3.2　非理性表达的原因

1. 网友素质参差不齐，网友理性欠缺

调查显示，我国网友超过半数是年龄小、学历低、收入少的人群。他们的媒介素养不高，很容易被网络上的言论煽动。特别是我国网友群体整体偏年轻，年轻人对事件的考虑往往不全面，处理问题也不够成熟，他们的行为经常受情绪支配，存在很大的盲目性，表现在行为上，就是随大溜儿。别人说什么做什么我也要去说去做，缺少独立的想法。

2. 网友存在"法不责众"的心理

很多网络暴力的事件，最初发表自己见解的网友可能真的是在表达自己的看法或者想要伸张正义，只是在这一过程中宣泄了一些自己的情绪。但是当越来越多的网友发表极端化的言论之后，在群体效应下，一些不明状况的网友便会加入批判煽动的行列。参与其中的网友认为，尽管已经有了关于网络言论的法律规定，但有这么多人都跟自己一样，法律不可能惩处这么多人。特别是在事件当事人违背了社会道德的情况下，网友就更会觉得自己的做法是理所当然的。在这种"法不责众"的心理暗示下，网友纷纷发表一些非常不恰当的、具有攻击性的言论，反对一切跟自己不一样的声音，使网络暴力不断升级。

3. 自媒体时代具有一定的匿名性，给网友提供了宣泄的平台

中国社会科学院哲学所研究员周国平先生认为：很多网友仗着匿名身份，肆无忌惮地对事主的隐私权进行侵犯。他们不必为自己的行为承担任何责任，享受着风险趋近于零的所谓"自由"，高举的是道德之旗，行的却是"暴行"之实。网络为公众提供了一个自由表达的平台，网友可以在网络平台随意宣泄自己的情绪。他们认为别人不知道自己是谁，发表的言论也是随大溜儿的言论，根本不会出现对自己不利的情况，于是便采取随意谩骂侮辱当事者的方式来宣泄自己的情绪。

➡ 任务演练——"君子慎独，不欺暗室"

某天，小陈发现校园贴吧上发布了一个有关他的好朋友小张的帖子：只要有人提供小张的联系方式，就转账 100 元。小陈在想，反正网上不会有人发现消息是他发的，提供信息得到 100 元，这钱多好赚啊！

想一想：

如果你是小陈，你是否会回帖提供小张的联系方式？

➡ 任务巩固——辩论游戏

题目：网络匿名性质是利大于弊还是弊大于利？

请 4 人组成一个小组，选择一个论点，分别收集材料，共同为你们小组的论点辩论吧。

任务4 如何理性地进行网络交流

➡ 任务目标

❖ 了解网络交流的规则
❖ 学会理性地进行网络交流

➔ 任务场景

理性地网络交流有助于构建清朗的网络空间，小陈在学习了网络交流之后，也有所感悟，立志要"从我做起"，理性交流。本任务小陈将跟大家一起学习如何理性地进行网络交流。

➔ 任务准备

随着时代的发展和社会的进步，网络已经走进了千家万户，给人们的社会生活带来了诸多便利，一旦没了网络，总感觉少了点儿什么，网络如今也是联络情感的纽带，各种社交软件让人眼花缭乱，在虚拟的网络世界里应做到以下 4 点。

（1）文明用语很重要

无论是在网络上还是在现实生活中，用语文明、不讲粗话脏话是一个公民的基本准则。在现实生活中可能通过自己的观察还能知道对方的身份和地位，还会注意自己的言行，可在虚拟的网络世界，有认识的也有不认识的，尤其对于陌生人就不会顾虑太多，反正看不到真人，可能说一句脏话感觉也无所谓，其实自己的言行都是自身素养的一个真实反映，在网络世界里，也要对自己的一言一行负责，不但要文明用语，更不能触犯做人的底线。即便别人对自己有所不敬，也不能出口伤人，做一个有素养的人，去感染身边的人，"生活你我他，文明靠大家"。

（2）不要打探别人的隐私

每个人都有不可告人的小秘密，自己的秘密也不希望被别人知道，可有的人总以为和别人的关系很好，喜欢去探听别人的隐私，殊不知这是极不礼貌的行为，对别人也是很不尊重的表现，最终还会令人反感。不管什么时候都不要去打探别人的隐私，别人不说，自己就不要去问，不要把打探到别人的隐私作为生活的乐趣，多做点儿有意义的事情，不要人前一套人后一套，无论在网络上还是在现实生活中都要远离爱打听别人隐私的人。

（3）不要纠缠不休

现在大家的生活都很忙碌，发出一条信息如果别人没有回复，就不要继续发了，若要对方重视，忙完后会回复的，不要一个劲儿地发，更不要反复打电话去烦别人，适可而止就好，尤其在情感的世界里，若人家不搭理你，就不要再去问为什么了。越是死缠烂打，越是令对方厌烦，倒不如让彼此都冷静一番，做出正确的选择，要知道喜欢一个人是没有理由的，不喜欢一个人理由有千千万，千万不要在虚拟的网络世界里刷自己的存在感。

（4）不要盲目轻信

我们在现实生活中都会碰到特别会伪装的人，在网络世界里更是如此，不要盲目去轻信任何人，在网络世界里有太多的人被骗，就是太容易相信别人，说到底都是自己的贪心和虚荣心在作祟，不管骗子的手段有多高明，只要不盲目轻信，不贪婪不虚荣，被骗几乎是不可能发生的事。

总之，在网络交际中，交际语言要文明，要体现自己良好的修养，交际方式要得当，要展示自己优雅的风度，交友行为要理智，要折射自己理性的光辉。唯有做到这些，才会在网络交际中游刃有余。

→ 任务演练——倡议网络交流文明

言论自由是我国公民的基本权利。青少年要对自己在论坛、信息群、微博、朋友圈等社交平台发布的公开言论负责。请同学们引以为戒，强化法律意识，在网络及公开场合注意文明用语。请书写一个网络文明宣传标语，并将其传递给其他人。

→ 任务巩固——统计与实践

请记录下一周里你上网的时长，并统计每个软件的使用时长。请在下面方框中写一下。

项目5

<<<<<<

网 络 娱 乐

项目介绍

坐地铁时，随处可见乘客们一个个捧着手机在看，那么我们该如何正确规划自己的手机使用时间呢？有的人躺在沙发上看短视频能看一下午，和朋友玩游戏能玩一整天，仿佛除了睡觉就在看手机、玩游戏。大家工作一天比较辛苦，闲暇之余想娱乐一下可以理解，但这样的娱乐貌似已经成了大多数人空闲之余的习惯，成了根深蒂固的生活必需品。本项目将介绍网络娱乐的常见形式以及网络成瘾的相关案例，和大家一起了解网络娱乐。

任务安排

任务 1 什么是网络娱乐
任务 2 网络成瘾
任务 3 网络成瘾问题
任务 4 规划时间、远离网瘾

学习目标

✧ 掌握网络娱乐的定义
✧ 了解网络娱乐的主要形式
✧ 掌握网络成瘾的概念
✧ 熟悉网络成瘾的成因
✧ 熟悉网络成瘾的危害

◇ 了解网络成瘾的案例
◇ 预防网络成瘾的方法
◇ 学会合理规划网络娱乐的时间

任务1 什么是网络娱乐

➡ 任务目标

❖ 掌握网络娱乐的定义
❖ 了解网络娱乐的主要形式

➡ 任务场景

小陈和他的小伙伴们最近迷上了"王者荣耀"这个游戏，他们每天晚上相约一起"峡谷五黑"，里面有很多的游戏人物可以尝试，每个游戏人物都有不同的技能，新奇有趣。常常一局游戏半个小时就轻松地度过了，而不玩游戏的时间就显得有些无聊。网络在发展过程中带来了很多有趣的产品，比如网络游戏。本任务小陈将与大家一起了解什么是网络娱乐。

➡ 任务准备

5.1.1 网络娱乐的定义

网络娱乐是指以互联网为依托，可以单人或多人同时参与的娱乐项目，如网络聊天、网络游戏、看电影、听音乐等娱乐休闲活动。与传统娱乐相比，网络娱乐不需要特定的工具（比如，在网上看电视不再需要电视机，打牌不再需要扑克），只有一种道具，那便是计算机或手机。

5.1.2 网络娱乐的主要形式

网络娱乐的形式主要包括网络音乐、网络游戏、网络视频、网络文学等。

（1）网络音乐

网络音乐（如图 5.1 所示）是指用数字化方式通过互联网、移动通信网、固定通信网等信息网络，以在线播放和网络下载等形式传播的音乐产品，包括歌曲、乐曲及有画面作为音乐产品辅助手段的 MV 等。网络音乐的主要特点是形成了数字化的音乐产品制作、传播和消费模式。根据音乐播放终端和网络载体的不同，网络音乐又可分为互联网在线音乐和移动音乐两种类型，互联网在线音乐是指通过电信互联网提供在电脑终端下载或者播放的数字化音乐产品；移动音乐是指无线网络运营商通过无线增值服务提供的在手机终端播放的数字化音乐产品。

图 5.1　网络音乐

（2）网络游戏

网络游戏又称在线游戏、网游，是指以互联网或局域网为传输媒介，可以多人同时参与，旨在实现娱乐、休闲、交流和取得虚拟成就的电子计算机游戏。每个网络游戏都要有运营商，网络游戏运营商是指运营自主开发的游戏或代理运营网络游戏开发商的游戏，以出售游戏道具、游戏时间、相关服务或游戏内置广告获得收入的网络公司。根据目前主流网络游戏类型和特点，网络游戏可分为大型多人在线游戏、多人在线游戏、平台游戏和网页游戏。

●　大型多人在线游戏

大型多人在线游戏是指支持多个用户同时出现在同一场景中，用户可以通过自己的游戏技能及其他各方面投入，实现在虚拟社会中的生存和成长的网络游戏。这是目前最主流的网络游戏类型之一，这种游戏不以局或盘作为限制，其过程是持续的，用户在虚拟的游戏世界中可以与他人进行沟通，参与各种社会活动。大型多人在线游戏还可以进一步细分为大型多人在线射击游戏、大型多人在线竞速游戏、大型多人在线角色扮演游戏等。

●　多人在线游戏

多人在线游戏是指游戏过程采用回合制，有时间和空间的限制，并且游戏玩家能够主动控制游戏时间，能够在较短的时间内重复进行的网络游戏。

●　平台游戏

平台游戏是指由能够将一些线下或者单机类别游戏整合到一起，为用户在网络上寻找其他用户共同玩游戏的平台运营的游戏。平台游戏分为棋牌桌面游戏和对战游戏两类。棋牌桌面游戏是指由棋牌桌面游戏平台提供下载安装和运营的平台游戏，用户在这个平台上可以自己寻找其他用户共同进行游戏。常见的棋牌桌面游戏有四国大战、斗地主、麻将、连连看等。对战游戏是指由对战游戏平台提供游戏网络连接接口，用户不受地域限制，自己选择其他用户共同进行远程对战的平台游戏。常见的对战游戏有反恐精英、星际争霸、魔兽争霸等。

●　网页游戏

网页游戏（如图 5.2 所示）是基于网站开发技术，以标准 HTTP 协议为基础表现形式的无客户端或基于浏览器内核的微客户端游戏。最早的网页游戏源自德国，德国的游戏制作商完成一个游戏开发之后，保留游戏的内核引擎换上不同的图片和背景来制作一个新的游戏。这种流水线式的游戏制作被国内很多中小型网页游戏开发厂商所借鉴，也就是市面上最常见的战略经营类网页游戏。此类游戏已经有了很好的游戏构架、运营模式可以借鉴，并且游戏本身开发不具备太多扩展性，所以被很多中小型厂商所借鉴。

（3）网络视频

　　网络视频（如图 5.3 所示）是指通过压缩处理成网络常用的流媒体格式而放在视频网站或专门的播放软件中供用户在线观看或下载的视频。根据视频内容不同，网络视频又可细分为网络电影、网络电视和原创视频。比如当下流行的抖音、快手就是广受大家喜爱的视频 App，每个年龄段都可以找到自己喜爱的视频内容。根据 CNNIC 发布的第 49 次《中国互联网络发展状况统计报告》显示，截至 2021 年 12 月，我国网民人均每周上网时长达到 28.5 个小时，较 2020 年 12 月提升 2.3 个小时，其中短视频用户规模达 9.34 亿，短视频用户使用率达 90.5%，超过半数的人每天都会刷短视频。

图 5.2　网页游戏

图 5.3　网络视频

（4）网络文学

　　网络文学（如图 5.4 所示）是指由网民在电脑上创作、通过互联网发表、供网络用户欣赏或参与的新型文学样式，它是伴随现代计算机特别是数字化网络技术发展而来的一种新的文学形态。网络文学以 1998 年痞子蔡的网络小说《第一次的亲密接触》为起源标志。一方面以多样的实践形成了自身的审美特性、成就了自身的历史；另一方面又以丰富的艺术形象反映时代生活的深刻变迁，表现人们的生存境遇、思想情感、审美趣味等丰富内涵。网络文学的受众是有着多样化阅读需求的网民，在消费文本的过程中实现了替代性满足的同时也获得了意义和快感；网络文学受众也因积极地介入文本的传播与再生产转变为"生产型的消费者"（粉丝）。

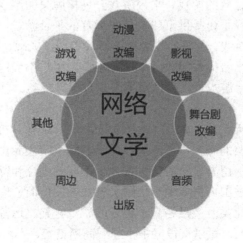

图 5.4　网络文学

➡ 任务演练——分享你觉得最有意思的网络娱乐

分享你觉得最有意思的网络娱乐，并讲一下你为什么喜欢它。

➡ 任务巩固——主题讨论

现代人的主要娱乐方式就是把时间花在网络上，你觉得一天花多少时间比较合适？

任务 2　网络成瘾

任务目标

❖ 掌握网络成瘾的概念
❖ 熟悉网络成瘾的成因

任务场景

网络娱乐在满足青少年休闲娱乐需求的同时，如果使用不当也会对其身心健康产生一定的影响，青少年作为网络成瘾的高发群体引发社会的广泛关注。小陈就成天沉迷于网络游戏，令家长和老师们头疼不已。本任务小陈将带大家一起了解网络成瘾的成因。

任务准备

5.2.1　什么是网络成瘾

对某种事物成瘾，意味着即使知道某个行为可能造成的不良后果，人们仍然持续地重复这种行为。据中国疾病预防控制中心"青少年常见病及健康危险因素监测系统"定义，当平均每天用于非工作学习目的的上网时间≥4 小时且至少同时出现下列情形中的 4 条，即有网络成瘾倾向，如图 5.5 所示。

● 经常上网，即使不上网，脑中也一直浮现与网络有关的事情。
● 一旦不能上网，就感到不舒服或不愿意干别的事，上网之后可以缓解。
● 为得到满足感增加上网时间。
● 因为上网而对其他娱乐活动（爱好、会见朋友等）失去了兴趣。
● 多次想停止上网，但总不能控制自己。
● 因为上网而不能完成作业或逃学。
● 向家长或老师、同学隐瞒自己上网的事实。
● 明知会导致睡眠不足、上课迟到、与父母争执等负面后果，还是会继续上网。
● 为了逃避现实、摆脱自己的困境或郁闷、无助、焦虑情绪而上网。

图 5.5　沉迷网络

由此可见，网络成瘾的人不仅会花费大量时间和精力在网络活动上，更重要的是，网络成瘾的青少年已经无法完成正常的学习、社交和生活，在心理上更是感到痛苦和不适，甚至可能危及身体健康。虽然，他们也会告诫自己不要沉迷网络，但无济于事，他们已经失去了对生活的控制力。

5.2.2　网络成瘾的成因

网络成瘾的发生涉及多种因素，首先基于青少年本身对网络成瘾的易感性。网络交往的自由性、虚幻性、广泛性符合青少年这一年龄阶段的心理特征。青少年正处于身心发展的矛盾期，自我意识迅猛增长与社会成熟相对迟缓的矛盾、情感激荡要求释放与外部表露趋向内隐的矛盾，加之学习任务重、长期受家庭和学校的管制，渴望独立但还不具备独立生活的能力。在现实生活中，青少年在人际交往时经常出现障碍，易受焦虑、抑郁、孤独等不良情绪的困扰，这些决定了他们对网络成瘾的易感性。

临床研究发现繁重的学习压力、人际关系不通达、缺乏社会支持及放纵的教育方式都容易导致青少年的网络成瘾。

（1）繁重的学习压力

受社会竞争压力的影响，青少年的学习压力也日益剧增，各类辅导班和考试严重挤占了孩子的课余时间，心灵脆弱，情绪起伏大，心理创伤得不到有效的解决，他们试图通过网络活动丰富生活，体验自我实现后的成就感与满足感，克服内心自卑、增强自信，久而久之，将网络变成了自己的精神寄托。

（2）人际关系不通达

有些成瘾的孩子一开始并不是因为十分喜欢才接触网络，而是因为在人际交往、学校生活、社会活动的处理上出现困难，为缓解现实生活中复杂的人际关系，便选择用网络人际代替现实人际来应对社交恐惧，但长期沉迷于网络又会使其脱离现实社会从而加重其社交恐惧程度，如此恶性循环造成网络成瘾。

（3）缺乏社会支持

较少的社会支持是青少年网络成瘾的危险因素。青少年对被认可、被重视、得到尊重的需求十分突出，但他们获得的社会支持较少，因此，很容易转向网络寻求社会支持。病态使用网络者很少将网络作为搜索信息的工具，而是在网络上寻找社会支持，利用网络创造新人格面具。

（4）教育方式放纵

现在许多父母都工作繁忙，生活节奏飞快，没有时间和耐心顾及孩子的课余生活，有的甚至在孩子还在幼儿阶段就把手机随便抛给孩子玩，以此来减少孩子哭闹的频率。孩子从小就无节制地接触这些电子产品并从心理上产生依赖，在以后的教育过程中将很难纠正。还有的孩子处于青春叛逆期，学习压力日益增大，但是自制力却跟不上，这时候如果父母和老师放任不管，孩子很有可能为了逃避学习而被网络吸引，从而沉迷其中。

➔ 任务演练——网络成瘾小调查

根据 5.2.1 介绍的"青少年常见病及健康危险因素监测系统"定义，请大家做一个自我测试，看看自己是否患上了"网瘾综合征"。

➡️ 任务巩固——长时间上网会有什么感受？

你上网时间最长的一次是多久？还记得那次下网后自己身体的感受吗？请记录下来。

任务 3 网络成瘾问题

➡️ 任务目标

❖ 熟悉网络成瘾的危害
❖ 了解网络成瘾的案例

➡️ 任务场景

小陈在长时间沉迷游戏之后，视力减弱、手腕疼痛，甚至神经衰弱，每到夜里都睡不着觉，第二天上课毫无精神。本任务小陈将跟大家一起了解网络成瘾的危害。

➡️ 任务准备

5.3.1 网络成瘾的危害

（1）产生耐受性

随着时间的推移，上网会产生耐受性。最初，可能玩 10 分钟就满足了，之后却需要越来越长的时间，说明其可能已经上网成瘾。

（2）对其他事情丧失兴趣

如果青少年过去很喜欢踢足球、与小伙伴们一起玩或者喜欢爬树，现在却对诸如此类的事情丧失兴趣，而只喜欢花上几个小时上网，说明其可能已经上网成瘾。

（3）自我控制力下降

成瘾的青少年通常自我控制力下降。如果父母强行不让他们上网，他们可能会有一些不良表现，但不一定是成瘾的表现。

（4）撒谎

撒谎称自己没上网，偷偷将上网设备带进卧室或者在其他隐秘的地方玩，又或者通过欺瞒家人的方式让自己多玩一会儿电脑，所有这些都是成瘾的表现。

（5）回避负面情绪

成瘾者往往借助药物或者某种活动和行为避免自己出现负面情绪。例如，如果青少年在和人打架或者和父母争吵之后便上网，说明他可能在用这种方式应对负面情绪。

（6）成绩下降，失去朋友

失去重要朋友和学习成绩下降也是成瘾的表现。如果过度沉湎于上网，人际关系可能出现问题，失去朋友，同时学习成绩也会下降。上网成瘾的青少年会将自己与外部世界隔离开来，如图 5.6 所示，地铁上沉迷于游戏的青少年。

图 5.6　地铁上沉迷于游戏的青少年

5.3.2　网络成瘾的案例

【案例一】据媒体报道，2012 年 4 月 13 日，湖北省某县 12 岁侄子杀死姑姑一家三口，震惊社会。在案件背后，沉迷网络游戏、贪玩、偷家里的钱、打架、在学校爱犯错误、爱攀比、杀人等将 12 岁的肖某刻画得相当可恨；而父母离异、继母的区别对待又将肖某刻画得相当可怜，这就是肖某 12 年矛盾的人生。2000 年，肖某在广州出生，父母都是外来打工者。肖某一岁半时，父母把他送进了幼儿园。肖某活泼可爱，老师们都很喜欢他。但肖某三岁那年，父母离异，父亲不得不将他送回老家，由爷爷奶奶照看。肖某在家乡上完小学，六年中，肖某每个学期都能从学校拿回奖状，其中得奖最多的是"三好学生"。小学毕业后，肖某被送到县城中学读书，该中学是县里最好的中学。初一第一学期，肖某仍然拿到了"三好学生"奖状。初一下半学期，肖某的成绩降到了第 26 名，之后一路下滑。到第二学期已经被老师归为表现很差的学生。肖某沉迷网络，在电脑上学会了网络游戏，比如洛克王国、穿越火线等，肖某在游戏中枪法很准，有时还会在别人面前炫耀自己。

家人发现肖某还有一个恶习：偷家里的钱，撒谎。肖某进城后，姑姑承担了教育的责任。姑姑发现其偷钱后曾打了恨铁不成钢的侄子。老师发现，肖某性格有点孤僻，感觉有点仇视社会。离婚几年后，父亲又娶了一个女人并生子，母亲也在老家常德重组家庭并生子，从此身不由己，无法看望肖某。叛逆的肖某不要姑姑管，抱怨没有母爱的委屈。

【案例二】2012 年 5 月 9 日中央电视台《今日说法》栏目播出的案例：近日，湖北省荆门市某农村发生了一起杀人案件，一名 15 岁的男孩秦某森杀死了同学 5 岁的弟弟，并毁尸灭迹，手段极其残忍。原本品学兼优的 15 岁少年秦某森，因迷恋上了网络游戏，却因家庭贫困无钱上网，竟然心生歹念：趁自己的好朋友李某父母外出打工，于凌晨三四点到李某家偷钱，不料遇到并吵醒了朋友 5 岁的弟弟小俊，事情的败露不但没有让秦某森悬崖勒马，反而迫使他铤而走险——残忍地杀死了 5 岁的小俊，并偷走了李家 7600 元现金。一个 5 岁的儿童惨遭杀害，凶手竟然是一个 15 岁的少年，这个血案的确让人触目惊心。秦某森是一名初中生，可以说是品学兼优，但自从接触了网络游戏，由于没有玩网络游戏的费用产生了犯罪的想法。这样一个成绩好又懂事，在老师、同学和家长眼里都很优秀的学生竟然变成一个丧心病狂的杀人犯。网络游戏中止了两个孩子的"生命"，其中 5 岁男孩再也无法回到父母的怀抱，享受本该属于他的生命阳光，而杀害他的凶手秦某森也因故意杀人罪将在狱中度过他的人生，这不能不说是一场悲剧，悲剧发生后应该给我们带来更多的思考。

【案例三】据媒体报道，2014 年 9 月 21 日下午 2 时许，就读金州某中学的 13 岁少女小倩（化名）沉迷网恋欲与男友私奔，被父母堵在车站外，劝说后终于使小倩回心转意返校读书。经了解，这家人是吉林辽源人，13 岁的女儿是金州某中学寄宿制学生。一年前，还在上小学的小倩在网上认识了辽源当地的小胡，聊了几次俩人就好上了，经常私下里见面。为了避免女儿受到伤害，2014 年 9 月，父母将女儿送到大连金州上学，目的是切断两人的交往，三天前，小倩患了重感冒，向学校请了一天假去看病，但到第二天上午小倩没有回校，而且电话一直关机。班主任担心小倩出事，与小倩父母取得联系。听说女儿失联，夫妻俩心急如焚，当晚开车赶到金州。后来，小倩虽然接了父母的电话但明确表示不想念书，要和男朋友去外地，一会儿就坐火车走。夫妻俩立即赶到女儿所说的车站，把女儿从车上拽了下来。

综观青少年网络犯罪，最初大多是接触网络游戏，然后根据游戏虚拟的情节发展，令其一步步沉迷，最后滑入深渊。心理不健全的未成年人在网络游戏一步步地诱引、刺激、诱惑下，导致厌学，成绩下降，学业荒废，玩世不恭，在其父母制止、控制费用等综合措施下，他们鬼迷心窍便偷盗、诈骗、抢劫，甚至不惜剥夺他人生命以求所需钱财，从而引发更大犯罪案件，给社会造成诸多不安定因素。因此，采取有效措施预防和制止青少年网络犯罪，已刻不容缓。

🔁 任务演练——你身边的"网瘾"少年

你身边是否有"网瘾"少年？如果有的话，你发现他们沾染"网瘾"的前后变化是什么样的？

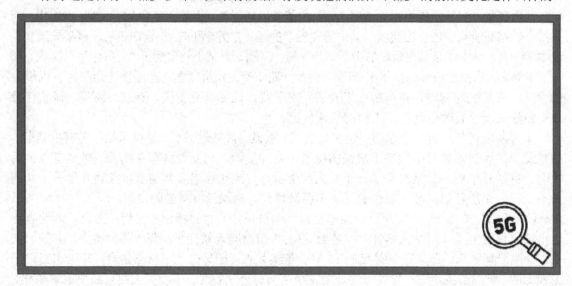

➡ 任务巩固——"请帮帮他"

某天，小陈发现表弟最近经常逃课去网吧打游戏，学习成绩也一落千丈。想一想：如果你是小陈，你会怎么帮助表弟。

任务 4　规划时间、远离网瘾

➡ 任务目标

❖　预防网络成瘾的方法
❖　学会合理规划网络娱乐的时间

➡ 任务场景

通过前面的任务学习大家已经掌握了很多关于网络娱乐及网络成瘾的知识。适当进行网络娱乐有益身心，但过度成瘾会危害健康。网络有利也有弊，应当做到自我约束、严于律己、互相监督。本任务小陈将跟大家一起学习规划时间、远离网瘾。

➡ 任务准备

（1）遵守网络规则，保护自身安全
未成年人在上网时，要遵守《全国青少年网络文明公约》，同时保护好自身安全。
①　保守自己的身份秘密。
②　不随意回复信息。
③　收到垃圾邮件应立即删除。
④　谨慎与网上遇见的人见面。

⑤ 如果在网上遇到危险，应该寻求家长、老师或者自己信任的其他人的帮助。

⑥ 不做可能会对其他人的安全造成影响的行为。

（2）学会目标管理和时间管理，提高上网效率

① 不漫无目的地上网。

② 上网前定好上网目标和要完成的任务；上网中围绕目标和任务，不被中途出现的其他内容吸引，可暂时保存任务之外感兴趣的内容，待任务完成后再查看。

③ 事先筛选上网目标，排出优先顺序。

④ 根据完成的任务，合理安排上网时间。

⑤ 不要为了打发时间而上网。

（3）积极应对生活挫折，不在网络中逃避

成长的过程不会一帆风顺，遇到困难和挫折要积极应对，我们可以向家长、老师和其他人请教解决办法，不在网络中逃避。

➡ 任务演练——制定自己的网络时间表

一起来做个时间和事项规划表，合理安排自己的上网时间及上网要做的事情。

日期	上网时间	上网目的	完成情况
星期一			
星期二			
星期三			
星期四			
星期五			
星期六			
星期天			
周总结			

➡ 任务巩固——合理游戏·拒绝网瘾倡议书

一、不忘父母嘱托，牢记老师提醒；规划学习生活，树立学习目标。

二、合理安排游戏，珍惜读书时光；端正学习态度，培养优良学风。

三、接受别人监督，自律他律结合；班级干部带头，自觉做好表率。

四、自觉自律自强，抵制沉溺网游；互帮互助互监，拒绝不良游戏。

项目6

网络文化

项目介绍

随着互联网模式的不断创新，传统文化由线下模式转为线上模式的步伐不断加快，网络已经成为人们欣赏和消费文化的主要媒介。在网民的上网消费中，网络文化消费是其中的重点内容。本项目将介绍网络文化的相关概念和案例，和大家一起了解网络文化。

任务安排

任务1　网络文化的概念和发展历程
任务2　网络文化的特点和现象
任务3　网络低俗文化的成因和案例
任务4　网络文化的社会影响

学习目标

◇ 掌握网络文化的概念
◇ 熟悉网络文化的发展历程
◇ 了解网络文化的特点
◇ 熟悉网络文化的典型现象
◇ 了解网络低俗文化的成因
◇ 熟悉网络低俗文化的案例
◇ 熟悉网络文化的利与弊
◇ 学会拒绝网络低俗文化

任务1 网络文化的概念和发展历程

➡ 任务目标

❖ 掌握网络文化的概念
❖ 了解网络文化的发展历程

➡ 任务场景

小陈最近特别喜欢李子柒，李子柒的短视频在网络上非常火，拍出了令人向往的田园生活，形成了独树一帜的创作风格，并凭借极具东方美学特征的风格和优质内容获得海内外的认可。短视频也是当下热门的网络文化形式。本任务小陈将与大家一起了解什么是网络文化。

➡ 任务准备

6.1.1　网络文化的概念

文化从总体上看是各个层次的群体在一定时期内形成的思想、理念、行为、风俗、习惯、代表人物及由这个群体整体意识辐射出来的一切活动。

现代信息技术与信息资源的普遍使用，催生了一种新的文化形态——网络文化。网络文化是基于网络技术的信息文明与精神文明的总和。

网络文化虽然依托于互联网世界，但它的根基却是现实世界。所以，网络文化和我们的一般文化是有共性的，同时受到载体的影响，又有很多不同。网络文化的形成，源于网民在线上活动中形成的行为模式、思想观念以及其所产生的广泛影响。

网络文化是我们线上生活的产物，很多人靠着网络传播成为网红，甚至因此赚到了真金白银，也有人因为网络文化陷入无休止的网络暴力之中，线下生活也因此受到影响。这大概就是这个时代的特征之一，网络文化的影响力已经不局限于线上生活，还对我们的真实生活产生了不可忽视的影响力。

6.1.2　中国网络文化的发展历程

网络文化作为一种新兴力量，不仅引领着文化前进的方向，还为传统文化形态注入了新的活力。然而，归根结底，网络文化是人类智慧的结晶，是现实文化在虚拟空间的延伸。因此，现实社会的运作逻辑和价值观念自然会对网络世界产生深远的影响。我们可以从网络技术与文化发展的角度，将中国20余年的互联网发展史分为三个阶段：Web 1.0、Web 2.0、Web 3.0 阶段。

（1）Web 1.0 时代的网络文化发展（1994—2000 年）

1994 年是中国网络发展元年，对于最早接触网络的一批网民而言，他们上网的主要目的是科研、学习和信息处理，大多是中关村的科技精英。由于缺乏大众化的信息交流平台，网民之间的互动较少，网络知识也非常欠缺。信息革命开始影响民众的生活方式，信息的价值在商业活动中得到了极大体现，"消息灵通人士"往往能够抢得先机。网络作为新兴媒体的作用虽然尚未得到充分挖掘，但是其在市场化过程中的价值已初现端倪。1996 年，随着 ChinaNet（如图 6.1 所示）等四大网络开通，网络服务商（ISP）开始出现，这些公司将互联网作为自己的经济增长点，积极地进行市场开拓和培养，其中一个重要方向就是对普通百姓进行互联网知识的启蒙。

图 6.1　ChinaNet 商标

　　网络引发了新的生活体验。网络社区和电子邮件为网民提供了新的社交空间，以 1997 年的世界杯预选赛为例，网络论坛第一帖"大连金州没有眼泪"迅速传播，引发舆论热潮。由于网络消费具有明显的从众和扩散效应，网络文化传播活动既是个体行为，又具有社会化作用，通过网民的二次传播，网络新闻与文化的传播很快在社会上扩散，对整个社会文化的发展产生了深刻影响。1999 年的北约轰炸我国驻南联盟使馆事件、澳门回归的网络新闻报道，引发网民的高度关注，尤其是《人民日报》"强国论坛"的崛起，使网络论坛成为民意表达和互动交流的新平台，网民对公共议题的参与形式更为多元化，网络虚拟社区成为新型集体文化的表现空间。网络社会与现实社会的互动也更为频繁，网络文化与大众文化融合的趋势更为明显。

　　（2）Web 2.0 时代的网络文化发展（2001—2008 年）

　　Web 2.0 是相对于 Web 1.0 的新时代，指的是一个利用 Web 平台，由用户主导而生成的内容互联网产品模式，为了区别于传统由网站雇员主导生成的内容而被定义为第二代互联网。在第二代互联网阶段，用户实现了从"观看"到"参与"的转变，互联网不再由门户网站主导，而成为网民进行信息生产和消费的主阵地。网络文化是"在线生成"的文化，其互动性、多元性、分享性、开放性与聚合性的特征较为明显。在 Web 2.0 时代，网民成为网络文化生产、消费与传播的主体，与 Web 1.0 时代以信息呈现为主导的方式不同，在 Web 2.0 时代，网民对信息的接受、生产与消费的过程，往往以多元化的方式体现"我"的存在。在某种程度上，Web 2.0 时代的文化，是以信息互动与在线创造为特征的文化，体现了大众文化与虚拟文化逐步融合的新趋势。

　　2000 年年底，约有 20.5%（452 万）的网民是通过网吧上网的，其中绝大多数是青少年。可以说，网吧已成为青少年文化生活的重要场所。网吧取代 20 世纪 90 年代的舞厅，成为 21 世纪初大众文化传播的重要空间。年轻人到网吧上网，除了浏览新闻，娱乐和交流成为主要目的，尤其是随着 QQ 聊天的普及，通过聊天广交朋友成为时尚。对于年轻人而言，如果没有 QQ 号，会受到别人的嘲讽。而网络语言和语体的变革，对大众文化产生了深远的影响。网络流行语往往诙谐、生动，并且贴近生活和现实，容易受到青少年的认同，被迅速传播和模仿，成为各类亚文化生产和消费的重要源头。

　　2002 年兴起的博客，是中国网络传播史上的一次重要变革，博客意味着每个人都拥有个人媒体，这场变革的直接结果就是社会传播的力量从机构转向个人。博客是社交化的媒体，将网络作为自我展示与社会联系的舞台，每个人都可以在此交流思想、引发议题、参与互动、传播新闻等，它延伸了日记的记录功能，同时又利用了新媒体的图像、文字、视频等综合优势。2004 年开始出现的"超女"现象进一步推动了追星浪潮。这一选秀节目的一些颠覆传统的规则，受到了许多观众的喜爱，成为当时最受观众喜爱的娱乐节目，"超女"利用博客营销也风行一时。博客文化展示了 Web 2.0 时代的诸多特征。

　　但是，由于网络消费的门槛较低，网络中充斥的色情、谣言、欺诈、恶搞等不良现象也较为严重，对网络文化的发展产生了许多负面影响。2005年，网民评出网络十大不文明行为，赫然在列的网络不文明行为有：传播谣言、散布虚假信息；制作、传播网络病毒，黑客恶意攻击、骚扰；传播垃圾邮件；论坛、聊天室侮辱、谩骂；网络欺诈行为；网络色情聊天；窥探、传播他人隐私；盗用他人网络账号，假冒他人名义；强制广告、强制下载、强制注册；炒作色情、暴力、怪异等低俗内容。净化网络环境，文明办网，加强网络监管，提高网民素养，抵制网络不文明行为，成为网络文化建设的当务之急。

（3）Web 3.0时代的网络文化发展（2009年至今）

从2009年开始，中国互联网经历了新一轮的技术革新和全面发展。互联网企业的竞争、并购、上市蔚然成风，互联网和移动终端用户快速增长，网络视频、网络游戏内容异彩纷呈，网络购物日益大众化，网络热词不断流行，微博、微信等社交媒体日益繁荣，网络营销广为普及，"微时代"开启了微传播的热潮。

在传播全球化背景下，20余年来，我国网络文化建设取得了一系列成就。在网络文化基础建设方面，形成了以重点新闻网站为骨干，各级政府网站、知名商业网站和专业文化类网站积极参与、共同推进的网络文化建设体系；在网络文化产业发展方面，网络游戏、网络动漫、网络文学、网络音乐、网络广播、网络影视等网络文化产业发展迅速，网络文化消费逐步扩大；在网络文化公共服务方面，各地积极推动优秀传统文化瑰宝和当代文化精品的数字化、网络化传播，推动网上图书馆、网上博物馆、网上展览馆、网上剧场建设，形成了丰富多彩的网络精神家园；在网络文化管理创新方面，我国形成了各部门齐抓共管的联合管理模式，并探索出诸如"镇江经验"等网络管理的新方法；在网络文化公共治理方面，从中央到地方，各级党政官员积极利用网络平台实行"网络问政"和"网络行政"，开展互动交流，了解网络民情，汇聚网民智慧，推进网络舆论监督。

任务演练——分享你最喜欢的明星

分享你最喜欢的明星，并讲一下你怎么认识他/她的，为什么被他/她吸引。

任务巩固——主题讨论

通过学习上述网络文化的概念及发展历程，请结合当下 Web3.0 时代网络发展情况，概述当前网络文化的特征。

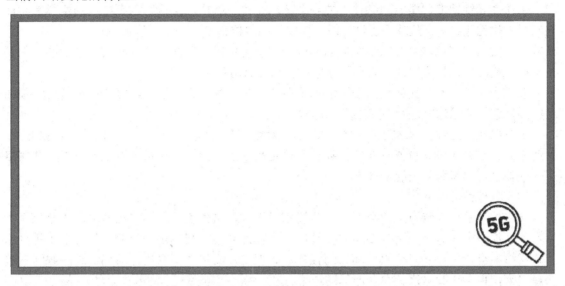

任务 2 网络文化的特点和现象

任务目标

❖ 了解网络文化的特点
❖ 熟悉网络文化的典型现象

任务场景

李子柒作为一代网红的领头羊，为很多网红树立了一个优秀网红的标杆。但随着时间的推移，热度也渐渐下降。网红文化作为网络文化的一部分，体现出网络文化更迭快的特点。本任务小陈将带大家一起了解网络文化的特点及典型现象。

任务准备

6.2.1 网络文化的特点

（1）开放性

在传统媒体时代，社会所认同的文化往往是大众传媒所传播的文化。这些文化是由少数个人或机构创造的，它们依靠大众传媒的权威力量成为社会的主流文化并深刻作用于个体。而作为一种低门槛的技术，网络技术使得所有具备相关条件的人都可以参加网络传播和网络中的种种活动，网络文化也显现出前所未有的开放性。个体不但可以广泛地参与各种方式的文化生产，而且与主流文化对抗、对话的能力得到较大提升。

（2）多元性

主体多元性：低门槛的网络技术使得个体、群体、机构、组织等各个层次的主体都能成为网络文化的建设者。从理论上说，每一类主体的地位都是平等的。尽管现实社会中的地位、影响力、权力等有可能会对网络文化的形成产生一定作用。但是，这些现实社会的能量能否在网络中被激活，最终取决于其在网络中的传播与行动能力。

形式多元性：网络文化是由多种信息手段和多种传播形式构成的，每个用户都可以根据自己的兴趣、需求选择适合自己的参与形式。

价值取向多元性：网络文化主体的多元，也就决定了价值取向的多元。网络的传播方式、互动方式也有助于多元价值取向的并存。无论是政治上、文化上还是道德上的取向，在网络平台中都呈现出纷繁复杂的景观。

（3）分权性

网络技术的传播特点，使得网络的传播相对平等，这也使得网络文化呈现出"分权"的特点。从理论上说，所有用户参与文化生产与文化活动的权利都是平等的。尽管由于种种原因，网络上会出现一些"话语权利"的强势者。但是，文化并不取决于他们，这些强势者被凸显出来，也是优胜劣汰、大众选择的结果。

（4）集群性

一方面，虽然每个人都是网络文化的主体，但是网络文化的最终影响，往往是由"集群"的力量促成的；另一方面，也正是集体的力量，使得网络文化的影响力与日俱增。

（5）参与性

网络文化强调用户是积极的参与者，这与传统媒体塑造的被动的结构文化形成了鲜明对比。用户的参与性不仅体现在信息传播方面，还体现在他们的公共参与方面。只有活跃的、积极参与的用户，才能带来充满活力的网络文化。

社交网络如图 6.2 所示。

图 6.2　社交网络

6.2.2　网络文化的典型现象

（1）恶搞

恶搞已经成为网络平台的一种重要文化现象。在中国的网络环境下，恶搞文化的基本特征是反主流的，它以对主流文化的嘲讽、颠覆、解构为基本任务。从参与的主体看，它以平民为主，因此又是与精英文化相对立的。网络恶搞的手段是多种多样的。文字、图片、视频、音频等都被网友当作恶搞的手段。恶搞是新技术刺激下非主流文化对主流文化的一种挑战，也体现了人们对自由表达权利的向往。同时，恶搞是娱乐化潮流推动下的一种文化趋向，是社会转型期社会情绪释放的一种通道，也是网络社区文化交流的一种依托。

（2）粉丝

"粉丝"来自英文"Fans"，意为"迷"，在中国，目前主要指某些明星（或平民偶像）、文化产品或品牌的崇拜者。虽然粉丝这一现象由来已久，但是网络对于粉丝文化的发展却有着特殊的意义。网络强化了粉丝的集群性。"团队精神"是今天的粉丝文化的首要特性，也是其区别于以前追星文化的一个重要方面。而分散的粉丝能形成团队或群体，无疑得益于网络。网络使粉丝显性化，也为他们的聚集、互动提供了平台。网络扩张了粉丝的"生产"性行为，也为粉丝的"生产"性行为提供了更多可能，此外，网络也为粉丝的"文本生产"和"文本交换"提供了充分的资源与传播平台。网络本身有助于粉丝发现和编织这样一种"互文性的网络"，并且给了粉丝前所未有的互动可能。今天的粉丝也从明星的粉丝向企业或产品的粉丝扩展，粉丝的"生产"性行为，也从文本的生产扩展到更广阔的领域。

（3）网红

网红是"网络红人"的简称，指因为某件事或某些行为而在网络中受到普遍关注的人。在某种意义上，网红经历了从边缘走向主流的过程。它过去是亚文化的一种现象，而今天，它已经成了各种群体与阶层都关注的对象。一些网红也开始被主流媒体或主流文化所接纳。网红是不断更迭的网络文化"表征"。与传统媒体时代造就的一些"名人"相比，网红具有迭代更快速的特点，而这种更迭与网络技术及应用的更迭是同步的。拥有与网络发展特点阶段相匹配的表达能力，是网红走红的基础。与此同时，他们还需要跟上网络文化更迭的节奏。而一代代涌现的网红，也是网络文化在每个阶段的"表征"。

（4）段子

段子是中国网络文化中一种独特的现象。对于段子很难做出一个简单的定义，一般而言，段子是在网络平台或手机平台中广泛流传的具有一定寓意的简短文本。它们的目标是调侃某些社会现象或表达某些观点情绪，很多段子会采用虚构性叙事。段子用其特有的幽默，给很多沉重、尖锐的话题披上了轻巧的"外衣"，在某些意义上成为人际交流的"润滑剂"，对于某些人来说，段子是彼此间交流的主要手段之一。在不同的人群中流行的段子有所差异，它也成了区分不同人群的标志。

（5）表情包（如图 6.3 所示）

表情包主要指用于表达表情与情绪的图片，可以由真实的人像、动漫人像、自然景色等构成，有时还会辅以文字，特别是网络流行语。与纯文字的表达相比，表情包多数是多媒体的组合，如文字+静图、文字+动图等，形象、生动且便于传播。在某些交流的情景中，使用表情包，可以实现"意不在言中"的效果。表情包的生产，很多时候是源于网民的自发行动，特别是当表情包成为一种恶搞、抗争的手段时。这些自发生产的表情包，或者反映着网络文化的某些阶段性特征，或者引领着网络文化的新潮流。即使是小众的表情包，也反映着网络中的某些亚文化。

图 6.3 表情包

🔵 任务演练——"粉丝"文化

你是不是某一明星的粉丝？如果是的话，你们的粉丝群里面有什么常见活动呢？

🔵 任务巩固——新疆网络文化节

你知道"新疆网络文化节"吗？请通过搜索引擎调研本年度"新疆网络文化节"的主旨，并为大家介绍一下"新疆网络文化节"的具体内容及意义。

任务 3　网络低俗文化的成因和案例

任务目标

❖　了解网络低俗文化的成因
❖　熟悉网络低俗文化的案例

任务场景

小陈在浏览短视频 App，看到衣着暴露的女主播做出不雅动作，标榜"搞笑视频"的内容中充斥着低俗段子，更有甚者按照预先设定的剧本，在直播中互相谩骂，甚至线下"约架"。本任务小陈将跟大家一起了解网络低俗文化的成因和案例。

任务准备

6.3.1　网络低俗文化形成的原因

什么是低俗文化，目前尚无统一说法，也没有统一的认定标准。但从目前大家对低俗的通识来看，低俗文化是指那些违背社会公序良俗的公开宣扬的传播方式及传播内容。那么网络低俗文化就是利用网络这个媒介传播违背社会主流价值观的内容。

低俗的东西能否纳入我们人类文化的范畴还有待商榷，我们大可从最宽泛的文化定义出发，将低俗作为一种文化现象来看待。从哲学角度出发我们能够知道，任何一种事物的兴起、产生、发展甚至消亡都离不开一定的背景，离不开适合它生存的土壤，那么任何一种文化的产生和兴盛，也都离不开特定的社会背景和市场选择，低俗文化也不例外。

网站为了吸引网民，必然要走通俗化的道路，但通俗不等于庸俗，更不等于低俗。如何对三者进行区别呢？北京师范大学的周星教授曾指出，通俗是接近大众百姓，表现常人生活理想的艺术形式，相对应的是比较高雅的艺术；庸俗则是情趣平庸，不思上进，思想上没有高尚追求、得过且过的生活态度的体现；而低俗则是违背人类理想追求，已不属于艺术表现范畴。据此，网络低俗之风可以简单界定为：通过网络传播违背人类理想追求的内容的做法或风气。

那么网络低俗之风的具体表现有哪些呢？中国人民大学刘保全研究员经过调查研究，将低俗之风的表现及基本特征归纳为 13 个方面：蓄意捏造，耸人听闻；内容低俗；戏说经典，亵渎先贤；轻薄死者，漠视苦难；"狗仔"没羞，"八卦"无边；渲染暴力，刺激感官；情感问题，放大纠葛；搜罗隐私，爆料不断；丧失立场，沉迷异端；合理想象，油醋任添；胡编乱摘，真假混杂；现场模拟，情景再现；引蛇出洞，不择手段。这 13 个方面虽然不能将低俗之风的所有表现"一网打尽"，但也基本上概括了其最突出的特征，而且都在网络上有所表现。

究其成因，可归纳如下。

（1）一些网民存在对低俗内容的需求

美国学者尼尔·波兹曼在《娱乐至死》一书中指出：后现代社会的文化是一个娱乐化的时代，电视和电脑正在代替印刷机，图书所造就的"阐释年代"正在成为过去，文化的严谨、思想性和深刻性正让位于娱乐和简单。由于寻找刺激、追求娱乐往往是人的一种本性，使得一些网站从业者以"尊重受众需求"为名，传播低俗内容。

（2）网站受到经济利益和"单击量"的驱使

与传统媒体相比，一出生就"断奶"的网络媒体需要自身造血来维持正常运转和发展壮大，其商业化程度更大，经济压力更大。为了在激烈的竞争中获取利益，吸引网民，追求卖点，获得最大的单击量和流量，靠秘闻、绯闻等低俗内容增强刺激就成为一些网站的首选竞争手段。

（3）网络技术特性的推波助澜

网络的开放性、联通性、互动性和虚拟性等特点，反而使一些网民的低俗嗜好可以凭借网络得到很好的满足。网络技术的发展及各种新型网络软件应用的普及，为低俗内容的传播大开方便之门。比如P2P传输技术，仅仅在两个或多个网民之间进行传播，大大增加了对网络传播进行监管的难度，低俗内容因此得以更便捷地传播。

（4）一些网站从业人员社会责任的丧失

与传统媒体的从业人员相比，目前从事网络工作的人员年龄普遍偏低，在政治修养和业务素质两方面大都还略显稚嫩。在各种利益的驱使下，网络传播工作所肩负的社会责任在一部分人心中逐渐丧失。一些网站从业人员只关注自己编辑的新闻的单击量和流量，只在乎自己的饭碗和奖金，从而一味迎合甚至故意引诱激发网民的低俗趣味。

6.3.2 网络低俗文化的案例

【案例一】"祖安文化"

"祖安"原为知名网络游戏《英雄联盟》中一个虚拟的城市名称，也是该游戏中国电信二区服务器的代称。由于玩家在游戏过程中经常在聊天区以相互谩骂的方式表达不满，久而久之，玩家们自称"骂人是祖安人的打招呼方式"。为了避免直接谩骂导致系统禁言、封号，玩家们逐渐自创出一套利用谐音、藏头、文字替换、缩写和表情符号等代替谩骂言论的发言系统。随着时间推移，这些语言方式逐渐从游戏领域溢出，借助社交网络、动漫网站和网络亚文化社区，在短视频、自媒体、社交媒体和弹幕发言等领域广泛传播。

"祖安文化"以其低俗、粗暴的特征在网络上广泛流传，对长期沉浸其中的网民产生了显著影响。特别对于尚处于身心成长阶段的青少年来说，"祖安文化"对其语言习惯、道德水平及价值观念等都产生了不良影响。在"祖安文化"的语境下，青少年对各类低俗、粗暴的语言习以为常。

【案例二】沉迷短视频

随着智能手机等电子产品的普及，青少年群体中开始出现沉迷短视频现象。很多初中学生都有抖音和快手的账号，孩子放学走在村头巷尾，屋内传出各种搞笑配乐，不用进去看就知道是在刷短视频，短视频中流行的笑话和段子都会被孩子们挂在嘴边，其中不乏一些低俗内容，并且这些内容会伴随同学的交流互相传播，形成一种不良的文化氛围，严重影响了青少年的学习生活和素质水平。

任务演练——远离"祖安文化"

你身边是否有让人不舒服的"祖安话"？生活中有很多人跟风模仿"祖安话"，你觉得应该如何帮助他们形成自主分辨网络不良信息、自觉抵制网络恶俗文化的能力？

任务巩固——随手举报暴力色情视频

白雪公主、小猪佩奇、天线宝宝，不少家长都曾让孩子独自观看过这些卡通动画。然而，在 YouTube 上，很多以儿童熟悉的卡通人物包装，带有血腥暴力或软色情内容，甚至虐童的动画或真人小短片大量、广泛地存在。在社会各界强烈抗议下，YouTube 开始大规模下架这类视频、封禁账号。但遗憾的是，这类视频并未因此杜绝，并且大规模蔓延至国内。优酷、爱奇艺、腾讯、搜狐等视频网站上，都能轻而易举地搜索到，而且单击量居高不下。为了青少年的健康成长，如果你发现了此类视频，请立刻举报。

任务 4　网络文化的社会影响

任务目标

❖　熟悉网络文化的利与弊
❖　学会拒绝网络低俗文化

任务场景

网络文化是计算机与网络技术发展到一定程度的产物，它具有虚拟性、开放性、传播性等特点。网络文化引发了教育教学方式、学习方式等多方面的变革。人们在享受网络文化给学习和生活带来的便利之时，诸如快餐文化、上网成瘾、道德观弱化等负面影响也不容忽视。本任务小陈将跟大家一起了解网络文化的社会影响。

任务准备

（1）网络文化的有利之处

① 网络文化为网民的学习和生活提供便利。

网络的出现改变了现代人传统的学习模式，过去大学生基本上是教室、寝室、图书馆三点一线的生活。大学生要查询资料，往往只能在图书馆才能实现，而随着高校招生人数猛增，各高校图书馆都感到压力很大，许多大学生往往很难借到自己想要的图书。网络正好解决了这个难题，在互联网上，大学生不仅可以很方便地查到自己所需的有关信息，还能通过"网上冲浪"了解国际国内形势。

② 网络文化拓宽了人们的交往空间。

越来越多的人热衷于进入网络世界，同自己有着相同志趣、爱好的人结成一个亲密的团体，甚至与远在地球另一端的好友交谈，就像隔壁邻居一样亲近。人们利用网络进行人际交往，在网上聊天、收发邮件、玩网络游戏等，大大突破了信件、电话等传统交往方式的局限。

③ 网络文化缓解了人们的精神压力。

当今社会竞争不断加剧，生活节奏不断加快，带给人们越来越大的压力。网络文化为人们提供了很多新颖、便捷的网上娱乐的途径。上网休闲成了人们缓解压力的渠道，人们在工作之余玩玩网络游戏、看看网络小说、读读国内外新闻等，对于放松心情、缓解工作和生活压力起到了明显的作用。

（2）网络文化的弊端

① 网络文化中西方某些错误的人生观、价值观和道德观的渗透，易导致人们政治信念和价值观念的偏移。

由于网络文化始于美国，英语又是电子文本的最主要语言，据统计，互联网上的英文信息占95%以上，中文信息还不到1%，英文的辐射力远远超过中文，因而使其打上了强烈的西方某些错误文化的烙印，滋生了文化霸权主义倾向。又由于历史和技术的原因，目前我国对互联网的控制力和对不良信息的屏蔽能力还比较弱，使得网络中的文化交流有可能失去平等与交互性，变成不平等的单向渗透。

一些敌对势力凭借网络优势加紧对我们进行意识形态的渗透，大肆传播西方某些错误的价值观和政治标准。由于青少年的人生观、价值观尚未成熟，加之这种渗透手段具有很强的隐蔽性和欺骗性，青少年容易潜移默化地受到西方某些错误意识形态的影响，使个人主义、拜金主义和享乐主义滋长蔓延，从而动摇他们的爱国主义、集体主义的政治信念和价值观念，造成青少年中非理性行为不断出现。

② 网络文化带给人们 "自由"和"民主"的同时，带来的是无政府主义的"放任"，不少人缺乏"慎独"的道德自律，道德观念渐渐淡化。

网络文化给传统法律、法规和道德伦理带来了冲击和挑战。有些人声称，网络世界是"没有政府、没有警察、没有军队、没有等级、没有贫贱、没有歧视"的"世外桃源"。其实，在五彩缤纷的网络世界背后，涌动着一股股暗流，这从"黑客"现象层出不穷就可见一斑。同时，互联网的虚拟性、开放性与自由性，固然有利于人们的个性发展，但也可能导致人们道德意识的混乱，以为自己在网上可以为所欲为而不用担负任何责任。

道德相对主义、无政府主义、自由主义直接导致了某些青少年在网络生活中出现许多不道德行为，如偷看他人个人文件、发送不健康信息等。据大洋网讯调查，有 32%的网友并不认为"网上聊天时撒谎是不道德的行为"；有 7%的人认为"偶尔在网上说粗话并没有什么大不了"；更有 25%的人认为"在网上做什么都可以毫无顾忌"。不难看出，这是网络伦理道德观念淡漠的结果。

③ 网络泡沫文化的泛滥造成了人们的价值观的危机，使人们的人生观和道德观紊乱，丧失了辨别是非的能力。

有些人把"你方唱罢我登场"的"走马灯"式的文化景观称为文化泡沫。那些通过网络连续不断地向网友传递经过特别加工的有意渲染的文化信息，尤其是经过包装和夸大的低俗的情调、价值理念（如个人主义、享乐主义），即网络泡沫文化，会瓦解我们教育主渠道的权威性，毁掉我们构建的真善美的标准，对青少年的人生观、道德观产生巨大冲击，造成青少年的价值观的危机和自我迷失。

④ 网络黄色文化、网络暴力文化的肆虐造成了青少年的人性危机。

在某些性解放、性自由思想的侵蚀下，一些人形成了不健康的性观念和扭曲的心理，网络黄色文化、网络暴力文化也在悄悄蔓延。网络黄色文化是指互联网上充斥的不健康的性文化。网络暴力文化是指互联网中宣扬的用暴力手段来解决人们日常生活中的问题的文化观念。当今，一些青少年沉溺于黄色文化的毒害之中，一些青少年受到网络暴力文化的影响，人性泯灭，丧失了行为的自控能力。

⑤ 网络博彩文化造成了一些人的精神危机。

参与网络博彩的人，往往深陷博彩带给人的侥幸的氛围中，使他们玩物丧志，严重者出现狂躁、忧郁、妄想、幻听、幻视、强迫性行为等病态心理。

➡ 任务演练——文明理性追星，提升网络素养

不少青少年在追星过程中存在不理智行为，如为了"爱豆"而展开"粉丝骂战"、窥探明星私生活、侵犯明星个人隐私等不文明行为。那么，应该如何引导他们理智追星呢？

在"粉丝文化"的影响下，青少年网络言论失范行为呈现出较为显著的特点，比如实施网络侵害名誉权行为时，多使用"饭圈"网络语言、逃避诉讼的特征显著，说明其法律意识淡薄且存在侥幸心理等。

在北京互联网法院受理的多起案件中，被告实施侮辱特定明星的行为，往往由"粉丝"之间的持续骂战引起。为此北京互联网法院也确立了相关裁判规则。

> ➤ 公民的言论自由应以尊重他人的合法权利为限，任何自然人的隐私权、名誉权均受法律保护；
>
> ➤ 公众人物对社会评论的容忍义务以人格尊严为限；自媒体的侵权责任程度应综合考虑自媒体的言论传播范围及影响力；
>
> ➤ 饭圈"黑话""影射"亦构成侵权；
>
> ➤ 为网络侵权言论求"打赏"、构成违法所得的，法院可予以收缴；
>
> ➤ 特定情况下，对明星粉丝的侮辱亦构成对该明星的侮辱；
>
> ➤ 公众人物应对就其业务能力的合理批评予以容忍。

作为青少年，我们应该理性追星，树立正确的价值观。

➔ 任务巩固——拒绝网络低俗我们可以这样做

庸俗暴力的网络氛围对大众文化审美的作用必然是负面的，如果放任不管，这种负面影响会从线上蔓延到线下，最终会拉低整个社会的文明程度和道德标准。

为了抵制网络低俗信息，我们可以这样做。

① 努力学习掌握科学文化知识，不断提高思想道德水平，全面提升自身素质。

② 增强法律意识，提高自我保护能力。

③ 净化语言，文明上网，自觉抵制有害信息和网络低俗之风，发现有人浏览低俗内容时应及时劝阻。

④ 当发现低俗的内容或网站时，应及时向有关部门举报。

项目 7

网 络 购 物

项目介绍

　　"买买买"成了现今社会躲不过的一个话题，对这些沉溺网络购物的人来说，在各大电商平台闲逛成了他们的特殊爱好，他们兴致勃勃地搜索、比价，不知不觉就花费了大量的金钱，等到账单出来的时候才悔之晚矣。网络购物对人们的影响是多方面的，它不仅给人们带来了购物的便捷，更重要的是改变了人们的消费习惯，本项目将和大家一起了解网络购物的相关知识。

任务安排

学习目标

✧ 掌握网络购物的概念
✧ 熟悉中国网络购物的发展历程
✧ 熟悉网络购物的流程
✧ 了解网络购物的优势与劣势
✧ 熟悉网络购物的诈骗案例
✧ 养成网络购物的安全意识

任务1 网络购物的概念和发展历程

任务目标

❖ 掌握网络购物的概念
❖ 熟悉中国网络购物的发展历程

任务场景

"Oh, My God!""这个颜色也太好看了吧!""买它!"小陈办公室的同事们最近一直在研究怎么在网上买到更便宜的东西,某主播的淘宝直播间每天上架的商品,也是他们热衷的话题。本任务小陈将与大家一起了解什么是网络购物。

任务准备

7.1.1 网络购物的概念

网络购物是指由商家在网络上设立网站或者是网络平台从业者集合各家商店,为买家进行网上选购、支付、购买,提供各式各样的商品图片、产品描述,全方位、多角度地描述产品特点,让买家自由选购。购物网站主要有个人(如淘宝个人店铺)、商家(如××公司官网)及较具规模的电子商务公司(如京东商城)。网络购物的最大优点为 24 小时营业,不需要太多人力,可以自主购物,以及没有地域限制;缺点则是竞争者较多,营运成本较高(来自网络空间租用及网络平台抽成)及客户单击量问题。世界较知名的购物网站有 eBay、亚马逊、YesAsia、专营女性用品的 PayEasy,中国则有淘宝网、京东商城等。

比如,我国最著名的网上购物网站——淘宝网,它的主页上可能罗列了商品大类的名目,如虚拟、护肤、数码、家居、服饰等。同时大类名目下还有许多的小类。比如 CPU、内存、硬盘、手袋、肩包等。如果你用鼠标点一下主板,它又会展示关于主板的网页,你可以按照各种分类查找自己所需的产品,比如品牌、平台等。当你找到所需的某个型号的主板,再点一下,又出现一个网页,它详细地列出了该产品和购买方式的信息。你可以根据自己的具体情况来完成购买。之后,你只需在家里等待就行了,因为卖家会通过快递把货物送到你的家中。

7.1.2 中国网络购物的发展历程

1998 年 3 月 6 日下午 3 时 30 分,国内第一笔网上电子商务交易成功。中央电视台的王轲平先生通过中国银行的网上银行服务,从世纪互联公司购买了 10 小时的上网机时。3 月 18 日,世纪互联和中国银行在北京正式宣布了这条消息。时隔不久,满载价值 166 万元的 COMPAQ 电脑的货柜车,从西安的陕西华星公司运抵北京海星凯卓计算机公司,这是在中国商品交易中心的网络上生成的第一份电子商务合同。由此开始,互联网电子商务在中国从概念走入应用。

"非典"开辟了中国网上购物的新纪元。面对"非典"的袭击，多数人被困在屋内，而要想不出门就买到自己所需的东西只能依赖网络，许多防范意识很强的人也试着在网上购物。至此，有越来越多的人认识到"网上订货、送货上门"的方便，也有越来越多的人开始接受网上购物。2003 年"非典"过后，越来越多的人开始参与网络购物。以当当网和卓越网为代表的早期拓荒者，以图书这个低价格、标准化的商品作为网络购物的切入点，借助快递配送和货到付款的交易流程，逐步建立自己的市场基础，在度过互联网的寒冬之后获得了快速的成长。

　　随着经济的发展，网络购物逐渐大放异彩。2005 年，淘宝占据了 57.1% 的市场份额，在线下，采用电视广告和路牌地铁广告相结合的形式，进行广告轰炸，并且跟娱乐界进行合作，与冯小刚筹拍的贺岁片《天下无贼》进行深度合作，电影上映后，又再度借势，与《天下无贼》的出品方华谊兄弟合办推出明星道具拍卖，将片中明星们所用的道具拿到自己的网站上进行拍卖，再一次增加了淘宝网的曝光度。就这样，淘宝网采用"农村（小网站）包围城市（大网站）"的策略，用少量的投资换取了较高的流量。

　　2008 年，转战电子商务领域、创办京东商城的刘强东，沿着重资产、自建物流的路走了 4 年，前期所有的投入都砸到供应链和建仓库上。很长一段时间里，为了规模化、争市场，刘强东都在烧钱卖正品，第三方若售假，不仅会被罚没 100 万元保证金，还要向工商局举报，严重的会让其血本无归；若是员工贩假，丢了工作事小，整个团队都会遭受牵连，严重的还会被公安机关传唤、刑拘。品牌就是企业的招牌，如今买 3C 数码电器，很多人第一反应就是京东自营店。自建物流、对假货"零容忍、建仓储"，让京东亏损了 12 年，但从长远来看，正是正品自营的口碑和强大的物流，成为京东抵御竞争对手的强大"护城河"，一时间中国电商领域，淘宝和京东分庭抗礼。

　　就在所有人都认为京东、淘宝就是中国电商行业的天花板时，主打社交电商模式的拼多多却异军突起，让淘宝和京东面面相觑。拼多多诞生的时代，是社交红利的时代，而社交最大的特点就在于口碑相传，通过微信社交的方式，一传十，十传百，就火起来了。"砍一刀"就能获得价格更实惠的日用品，今天你帮我砍，明天我帮你砍，网络购物不仅是一种消费体验，更是一种互相帮助的游戏，一时间亲友群、家庭群等都充斥着"砍一刀"的链接，拼多多的扩张速度甚至比投放广告还明显。

　　从某种意义来说，拼多多改变了社交电商的定义，此前很多人也盯上了微信的社交流量，但大多是通过朋友圈卖面膜之类的产品，拼多多的厉害之处就在于撬动微信分享凑单的欲望，迅速产生裂变。

　　在疫情的影响下，直播电商呈现爆发式增长，明星、网红、企业家、政府官员等纷纷进入直播间带货，形成了淘宝、抖音、快手直播三足鼎立的态势。虽然都是做直播电商，但逻辑并不相同，有句话是这么概括三巨头的：淘宝直播是互动版的电视购物，抖音是年轻版的广场舞，快手是手机里的老乡串门。

任务演练——培养创新意识

互联网技术对现代文明的改变和颠覆是巨大的和不可逆转的，正如铁器之于农业文明、蒸汽机之于工业革命，新技术的产生会强势催生新产业。通过了解网上购物的发展史，你觉得下一个崛起的产业将会是什么呢？

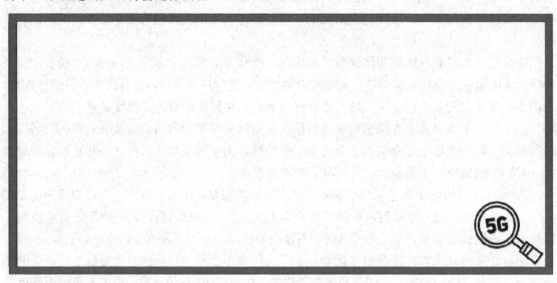

任务巩固——网购初探

假如你想要在网上购买一盒巧克力，你需要如何操作？

任务 2 网络购物流程

🡒 任务目标

❖ 熟悉网络购物的流程

🡒 任务场景

小陈听了同事的介绍之后，也想亲身体验一下网络购物这一电子商务模式，他准备在网络上购买一个手机。本任务小陈将带大家一起学习如何进行网络购物。

🡒 任务准备

（1）注册账号

网络购物的第一步就是注册账号，要挑选值得信赖的网站注册账号，这是因为注册过程中不可避免地需要采集个人信息，在上网过程中保护自己的隐私非常重要，不然极有可能面临经济损失。

以淘宝网为例，我们介绍一下如何进行账号注册。通过百度搜索淘宝，并单击官方链接进入淘宝网首页。在淘宝网首页的顶部你可以看到一个免费注册的链接，单击去注册，如图 7.1 所示。

图 7.1 淘宝网首页

进入注册页面之后，可直接通过手机号码进行注册，如图 7.2 所示。

注册成功之后，单击淘宝网首页即可跳转查找所需的商品，如图 7.3、图 7.4 所示。

图 7.2 注册页面

图 7.3 注册成功页面

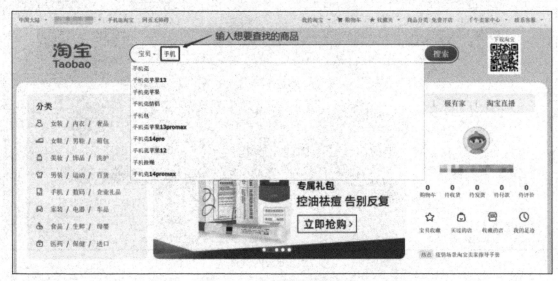

图 7.4 淘宝网首页搜索页面

单击"搜索"按钮，我们会发现琳琅满目的商品信息，让我们难以抉择，如图 7.5 所示。这要求我们在购买某一商品前要做好商品信息调研，并明确自己的需求。

图 7.5 淘宝搜索结果

（2）商品比价

在购买某一商品前，我们需要做好充分的调研，明确自身需求。比方说想要购买一个手机，你要清楚自己看重的是手机的性能还是手机的外观，要选择最适合自己的产品，避免冲动消费。假如你看重手机的性能，可以百度搜索"手机性能排行榜"，这样你就可以缩小搜索范围。例如，可参照"安兔兔"网站给出的当前手机性能排行榜，如图 7.6 所示。手机性能榜排在第一的为"××手机 11"，那就可以在淘宝搜索框中输入"××手机 11"进行搜索。

图 7.6 "安兔兔"网站手机性能排行榜

也可以通过一些比价网站，查找当前性价比高的产品。比如最近比较火的"什么值得买"网站，也是网购资深玩家的常驻之地，如图 7.7 所示。

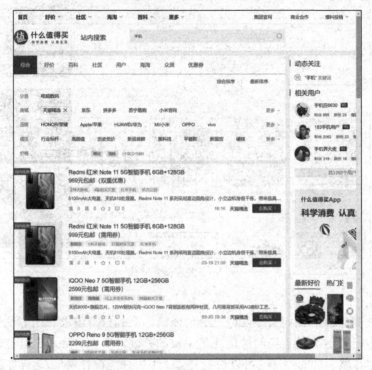

图 7.7 "什么值得买"网站比价

（3）购买商品

商品比价之后，我们可单击"去购买"按钮进行商品购买，此时会跳转到对应网站的商品页面下进行商品参数选择，如图 7.8 所示。这里要提醒大家，购买贵重物品尽量选择品牌官方旗舰店或者值得信赖的第三方店铺。

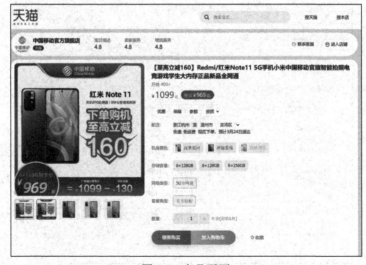

图 7.8 商品页面

选择完商品参数后，我们可以单击"领券购买"或者"加入购物车"。如果单击"领券购买"则会进入付款界面，如果是第一次在该网站购物，会提示你先输入收货地址，如图 7.9 所示，按照提示输入即可。

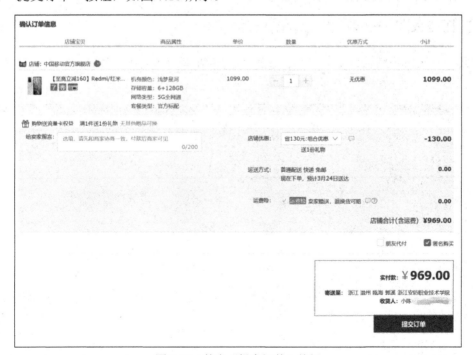

图 7.9 创建收货地址

创建完收货地址后，我们进入确认订单信息界面，需仔细核对信息是否正确，如果无误，可单击"提交订单"按钮，如图 7.10 所示。

图 7.10 单击"提交订单"按钮

紧接着网页会自动跳转至付款界面，输入设置的支付密码即可，如图 7.11 所示。

图 7.11　确认付款界面

任务演练——注册自己的网购账号

通过上述所学，大家应该基本了解如何进行网购了。在课后请通过任务准备的指引或百度搜索，自行注册一个淘宝或者京东账号，开始你的网购之旅。

任务巩固——买到你想要的商品

请说一下你当前最想要买的商品，通过本任务所学的商品比价知识，你会如何进行网上购物？

任务3 网络购物的优与劣

任务目标

❖ 了解网络购物的优势与劣势

任务场景

网络购物实在是太方便了，小陈足不出户在网上买了好多东西，而且大多物美价廉。但同样也会遇到货物质量不好的情况。本任务小陈将跟大家一起了解网络购物的优势与劣势。

任务准备

7.3.1 网络购物的优势

网络购物的优势，是传统零售业所不具备的条件，也就是传统零售业的劣势，具体如下。

（1）消费者消费成本的降低

与传统零售行业相比，网络购物的价格优势主要体现在以下方面：①网络购物的商品流通环节减少；②网络购物在很多情况下都是厂家或者大经销商直接发货给消费者，所以店面租金、仓储费用、营业税都有所减少；③网络购物与传统零售相比，信息传递的效率得到提高；④网络购物使企业资金占用的时间缩短；⑤强大的供应链系统和大量的采购大大降低了货品的成本。

（2）消费者购物时间成本的减少

消费者时间成本主要由收集商品信息的时间，接触、比较商品的时间，选择商品的时间三大部分构成。在传统零售业中，这三个过程都要到实体店里才能完成，而在网络购物时代，只要有一台计算机加上一根网线或者是一个可以上网的手机，消费者足不出户在工作之余的零碎时间里，就能收集商品信息，和朋友、同事讨论商品性能，交流消费体验，甚至作出购买决定，这极大地提高了消费者对时间的利用率，节省了消费者的时间成本。

（3）购物行为不受地点限制

由于网络购物是通过网络实现。世界上任何一个具备上网条件的人可通过互联网登录企业网站挑选商品，然后下订单来进行交易。这个特点完全不同于传统的零售业，网络购物不存在地域的约束，企业的业务活动不用再跟从前一样建立自己的区域网点，如连锁店等；网络购物时代网络零售商面对的不再是实实在在的面对面讨价还价的顾客，而是来自不同地区、城市，甚至是不同国度的顾客。互联网让全世界成为一体。

（4）商品信息更直观、透明

在互联网时代，产品信息更直观、透明，其主要表现有：①比较品质更加容易；②模拟的使用体验让产品的性能特点更直观，选择变得更容易；③产品信息来源更多；④产品价格更加透明，可以先搜索然后进行价格排序；还线下线上价格比较；更可以在不同平台间来去自如地切换，让比价更为方便。

7.3.2 网络购物的劣势

网络购物的缺点，是传统零售业所具备的有利条件，也就是传统零售业的优点，具体如下。

（1）缺少感觉和人性化的沟通

在传统零售业中，顾客在选购物品的时候可以通过眼睛去观察、鼻子去闻气味，以及通过售货员对物品的介绍进行物品的选择和购买。而网络购物，你只能通过眼睛去观看物品的效果图片、通过其他买家的评价和卖家对物品的介绍等途径进行物品的选择和购买。这势必让消费者对同一种物品购买的欲望大大降低。

（2）适用范围有限

虽然在网络购物平台上我们可以看到各式各样的产品，但是在实际的操作过程中其实有许多产品不适合在网络上进行销售。比如说，衣服的质感如何用文字进行描述呢？

（3）心理满足感不足

在网络购物的体验中，消费者可能会遇到物流配送的挑战，如包裹延迟到达、商品在运输过程中损坏或者意外丢失，这些问题都可能严重影响用户的购物满意度。此外，与实体店购物相比，网络购物在退换货方面可能更加烦琐，需要消费者自行邮寄商品，有时还会遇到退换货政策不明确或执行不力的情况。这些因素不仅增加了购物的不确定性，还会削弱消费者的心理满足感。

（4）产品质量无法保证

在网络购物中，顾客在购买商品的时候只能看效果图和其他顾客的购买评价，无法确保商品的质量，而在传统购物中，顾客是在实体店中看到实物而购买商品的，对于商品的质量是有所了解的。

🔵 任务演练——预防诱导消费

【案例】消费者杨女士在浏览某网购平台时，看到一家店铺正以450元的价格销售一款网红"加拿大鹅"羽绒服，杨女士认为这个价格十分划算，便购买了一件。收到后，杨女士仔细一看，羽绒服的Logo从"加拿大鹅"变成了"中国鹅"，打算联系商家时发现商品已经下架，杨女士遂投诉至东港分局。东港分局调查发现，店铺的商品详情页面以醒目的"加拿大鹅"Logo作为卖点，并宣传"明星同款、优雅气质"，而商家店铺内实际销售的均是标注"中国鹅"Logo的羽绒服，其以"加拿大鹅"作为卖点是为了利用消费者图便宜的心理获取不正当利益。经过调解，商家已为消费者退货退款并赔偿，同时，东港分局对商家违法行为依法立案查处。

【提醒】网购平台的迅速发展，大大优化了消费者购买商品的流程；但是，由于网络平台非面对面交易的特点，消费者购买商品大部分依赖商家对于所售商品的宣传，尤其是低廉的价格容易诱导消费者。在此提醒广大消费者，购买品牌商品需要在正规平台旗舰店，尤其要注意商家资质、价格差距、商品销量，并保存好购买凭据，遇到问题可拨打"12315"投诉举报。

任务巩固——理性购物，合理消费

每年的"双十一"购物节都令消费者购买欲强烈，买回不少自己喜爱的产品。面对琳琅满目的商品，超前的打折力度，有些消费者却盲目消费，刷爆花呗、借呗、信用卡等，把购物当成了生活必需，但买回来的东西并不实用，花了精力和时间，却没多大价值，同时还很占地方。对此你有什么建议呢？

任务 4　如何安全地进行网络购物

任务目标

❖　熟悉网络购物的诈骗案例
❖　学会培养网络购物的安全意识

任务场景

小陈的手机时不时会收到一些假冒电商客服的来电，用一口不流利的普通话开启诈骗，索取个人信息从而骗取钱财。本任务小陈将跟大家一起了解如何安全地网络购物。

任务准备

购物交易诈骗主要是通过各种虚假优惠信息、客服退款、虚假网店实施欺诈。常见案例如下。

【案例一】王同学在某二手平台看中一款手机,与网店客服谈好价格后,对方称当天系统交易故障,要求添加微信直接交易,并承诺给王同学再打 95 折,王同学同意了,添加对方微信后将 4600 元钱转给对方,对方表示收款成功即给王同学发货。三天后,王同学依然未收到手机,此时再到微信上联系当时的卖家,对方已将他拉黑,由于直接微信交易,并未在网站上产生订单,王同学也无处投诉,无奈报警。

【温馨提示】网络购物一定要在正规的电商平台上进行,切勿绕过第三方平台监管,直接转账交易!

【案例二】某天李女士接到自称某电商平台客服的来电,对方称因李女士购买的外套材料甲醛超标,可退货退款,并要求添加微信处理退款事宜,通过微信扫描对方发来的二维码,李女士进入一个钓鱼网站,填入了自己的银行卡账号、密码和验证码后,分两次共计支出 6750 元,后又以扫码充值 Q 币的方式分三次给对方 QQ 号充值 Q 币共计 6350 元,最后发现自己被骗,被骗金额共计 13100 元。

【温馨提示】遇到这类诈骗,请大家一定要认真核实对方身份,可以联系电商平台客服或在线联系网店客服确认是否有退款或者批发商账户。电商平台的官方客服不会添加你的微信好友,一切操作请在平台进行;对方一旦让你操作"转账"或者"借呗"这类借贷产品,统统不要理会,验证码和各类密码更要小心保管,不要点开对方发来的退款链接。

【案例三】李小姐在某网站买了一件衣服。过了几天,李小姐未收到货却先接到陌生来电,对方自称是快递公司的,称李小姐的快递因丢失,可以赔偿,加对方微信后返还。李小姐当即添加了对方微信,对方称退还的赔偿金和保险金需要李小姐提供账号及银行验证码,并要求李小姐按其提示操作进入了某网贷平台。就这样,李小姐在毫无提防的情况下在该平台贷了 3000 元并存入自己的账户。李小姐见账户内多了 3000 元,误以为是对方转入的赔偿金,于是马上扣除网购的 81 元后转了 2919 元给对方。后来李小姐发现不对劲,当通过微信联系对方时,发现已被对方拉黑,才发觉上当受骗。

【温馨提示】网购后接到此类电话,请大家一定要认真核实对方身份,可以联系快递公司官方客服或在线联系网店客服确认快递真的有所损坏而无法送达。

【案例四】赵某接到一个自称是"××客服"的电话,告诉她因为工作人员操作失误,给她开通了一个会员,将每月扣除 500 元,对方详细地说出了赵某最近在 App 上购买的物品,以及其地址、电话,并告诉赵某如果想把这项服务取消,可以直接通过电话转接到银行经理。之后银行经理就上线了,银行经理说,这项服务会直接在支付宝里扣钱,为了停止该服务需要对赵某的支付宝账号进行锁定,并问她支付宝有没有绑定银行卡,她说绑定了,银行经理就让她向提供的银行卡号转一笔钱,他会用这笔钱进行锁定,并且还会把这笔钱还给她,她就转入了 8.07 元,不久后,银行经理就又将这 8.07 元转了回来。之后自称银行经理的男子用一个手机号拨打了她的电话,让她把手里所有的钱都转给他,这样他好进行账号锁定,她就将账户内的 49980 元都转到了对方提供的一个新账户里,这一次骗子并没有返还她的钱,并且让她将借呗花呗里的钱都转给他,她这才发现被骗了,随后就报了警。

【温馨提示】接到此类电话,大家如果心存疑虑可直接联系电商平台网站官方客服,切勿随意给陌生人转账。

任务演练——安装国家反诈中心 App

国家反诈中心是一款帮助用户预警诈骗信息、快速举报诈骗内容、提升防范意识的反电信诈骗应用。它的"反诈预警、身份验证、App 自查、风险预警"等核心功能可以最大限度减少民众被骗的可能性；可以将那些诈骗电话或信息快速向平台举报，帮助他人减少遇到类似的情况；能够帮助用户随时监控各种恶意软件，让各种骗子无计可施，给用户带来一个非常安全的生活环境。其安装使用方法如图 7.12 所示，请参照图示自行安装。

图 7.12　国家反诈中心 App 安装使用方法

任务巩固——如何保护网上购物安全

网上购物面临的安全风险主要有如下几点：一是通过网络进行诈骗，部分商家恶意在网络上销售自己没有的商品，因为绝大多数网络销售是先付款后发货，等收到款项后便销声匿迹；二是钓鱼欺诈网站，以不良网址导航网站、不良下载网站、钓鱼欺诈网站为代表的"流氓网站"群体正在形成一个庞大的灰色利益链，使消费者面临网购风险；三是支付风险，一些诈骗网站盗取消费者的银行账号、密码、口令卡等，同时，消费者购买前的支付程序烦琐及退货流程复杂、时间长，货款只退到网站账号不退到银行账号等，也使网购出现安全风险。

保护网上购物安全的主要措施如下：

① 核实网站资质及网站联系方式的真伪，尽量到知名、权威的网上商城购物。

② 尽量通过网上第三方支付平台交易，切忌直接与卖家私下交易。

③ 在购物时要注意查看商家的信誉、评价和联系方式。

④ 在交易完成后要完整保存交易订单等信息。

⑤ 在填写支付信息时，一定要检查支付网站的真实性。

⑥ 注意保护个人隐私，直接使用个人的银行账号、密码和证件号码等敏感信息时要慎重。

⑦ 不要轻信网上低价推销广告，也不要随意单击未经核实的陌生链接。

请将这些信息传递给他人，大家一起安全地进行网络购物。

项目 8

<<<<<<

网络语言

项目介绍

随着互联网的广泛应用,"网络语言"越来越成为青少年传递信息、宣泄情绪、缓解压力、释放感情的表达方式。一些"网络语言"如"达人""给力""逆行者"等具有时代内涵和文化意义的网络新词,生动诠释着语言的生命活力和时代发展,但同时一些恶俗、粗鄙的网络"烂梗"也充斥着网络空间和现实生活,阻碍了青少年的健康成长。本项目我们将与大家一起了解网络语言的相关知识。

任务安排

任务 1　什么是网络语言
任务 2　网络语言的常见形式
任务 3　网络语言的兴起
任务 4　区分"好梗"与"烂梗"

学习目标

✧ 掌握网络语言的定义
✧ 了解网络语言的传播渠道
✧ 熟悉网络语言的常见形式
✧ 了解网络语言兴起的原因
✧ 熟悉网络语言的利与弊
✧ 掌握"好梗"与"烂梗"的辨识方法
✧ 理性节制地使用网络语言

任务1　什么是网络语言

任务目标

- ❖ 掌握网络语言的定义
- ❖ 了解网络语言的传播渠道

任务场景

小陈最近喜欢逛百度贴吧，他觉得那里的网友个个都是人才，说话显得有学问又好听，他超喜欢那里。在贴吧他看到了"山有木兮木有枝，心悦君兮君不知"这些经典的诗句，也看到了"给力""达人"这样的网络语言。小陈觉得非常有意思，本任务小陈将和大家一起学习什么是网络语言。

任务准备

8.1.1　网络语言的定义

网络语言是指从网络中产生或应用于网络交流的一种语言，包括中英文字母、标点、符号、拼音、图标（图片）和文字等多种组合。这种组合，往往在特定的网络媒介传播中表达特殊的意义。在20世纪90年代网络诞生初期，网友们为了提高网上聊天的效率或满足诙谐、逗乐等特定需要而采取某种语言方式，久而久之就形成了特定语言。进入21世纪，随着互联网技术的革新，这种语言形式在互联网媒介的传播下得到快速的发展。网络语言越来越成为人们网络生活中必不可少的一部分。

网络语言是伴随着网络的发展而新兴的一种有别于传统平面媒介的语言形式。它以简洁生动的形式，一诞生就得到了广大网友的喜爱，发展迅速。网络上冒出的新词汇主要取决于它自身的生命力，如果那些充满活力的网络语言能够经得起时间的考验，约定俗成后我们就可以接受。而如果它无法经受时间的考验，将很快被网友抛弃。

这类语言的出现与传播主要依存于网络人群，还有为数不少的手机用户。聊天室里经常会出现一些网络语言。BBS里也常从帖子里冒出"楼主、潜水"等词汇。QQ聊天中有生动丰富的表情图，如一个挥动的手代表再见，冒气的杯子表示喝茶。手机短信中也越来越多地使用"近方言词"。

如果留意和总结一下近些年人们在表示愤怒时常说的词语，就会发现一条清晰的演化路线。网络语言从起初的接受到后来的放弃，这是一个人们在语言使用过程中的选择过程，那些不符合时代和社会发展的词语最终会被抛弃在历史的长河之中，而只有那些被大多数人所认可的才会有持久的生命力。

8.1.2　网络语言的传播渠道

网络语言的内容特征造就了其在传播过程中低门槛、易复制的特性，在各种网络传播平台中都可以轻易生根发芽，网络语言也随着网络媒介的发展不断转移主阵地，从聊天室、贴吧、博客，到微博、微信，网络语言不断地在主流网络互动平台中发酵扩散。纵观近几年的网络媒体生态，主要的媒介传播平台可以分为三类：一是有着相同爱好的群体聚集的贴吧、论坛等垂直社群平台；二是以微博为主的相对开放式的"公共领域"成了讨论热门话题的主要媒介平台；三是以社交、互动为主的微信占据了人们的社交生活，微信公众号成为信息提供平台。

（1）垂直社群：二次元流行语生产的主阵地

随着移动互联网的进一步发展和普及，短视频平台和社交媒体成为了新的网络互动主流平台。这些平台不仅便捷及时，还具有强大的社群互动功能，使得网络互动的主阵地继续转移。一些基于亚文化而聚集在一起的垂直社群继续迸发着极大的网络流行文化创造力，例如"哔哩哔哩"（B 站）以其二次元文化、弹幕互动为特色的垂直社群，保持着极具互动分享和二次创造的文化氛围。2023 年，B 站弹幕累计总数已突破 100 亿，弹幕用户也突破了 6000万，标志着弹幕文化从二次元"圈地自萌"的小众文化，成长为一种网友广泛参与的大众文化。如"City 不 City"一词，结合了中文和英文，用来形容一个地方或事物是否具有现代化、时尚、有趣的特点，充分体现了当代网络用语的创造力。

（2）微博：流行语的引爆场域

微博的出现降低了信息发布的门槛，传播者和受众界限开始变得模糊，人们可以"随时随地发现新鲜事儿"。在愈加复杂的信息传播图景中，微博用户仿佛共同在"一个个小村庄里"，不仅能够随时随地关注任何公众人物的动态，还可以在短时间内通过评论、转发、点赞甚至搜索等方式将事件推向舆论的高潮。根据 2024 年最新数据，微博的月活跃用户已达到了 5.98亿。微小的事件在众多微博用户的发酵下如同蝴蝶效应，引发巨大的舆论效应。截至 2023 年微博全站头部用户（头部用户是指月阅读量大于 10 万的博主）规模达 143.6 万；各类微博明星、当红博主制造流量影响关注，娱乐明星的微博粉丝动辄千万。"意见领袖"最早是由传播学者拉扎斯菲尔德在 20 世纪 40 年代提出的，是指在人际传播网络中经常为他人提供信息，同时对他人施加影响的"活跃分子"，他们在大众传播效果的形成过程中起着重要的中介或过滤的作用，由他们将信息扩散给受众，形成信息传递的两级传播。通过对多个微博博主的微博转发路径进行分析发现，其传播路径呈现出如"蒲公英"式的传播。信息从一个节点发出，经过多个关键节点的传播形成涟漪，将信息扩散至更广泛的范围。

（3）微信："刷屏"式圈层传播

相对群体聚集式的社区和开放式的微博，微信更加具有私密性，微信是基于熟人社交"强关系"的社交平台，主要的社交类型包括一对一的人际沟通、微信群沟通、微信朋友圈展示型沟通。美国社会学家戈夫曼提出"拟剧理论"认为，人们的人际交往过程实质上是社会成员通过"前台"的表演展示自己，控制外人对自己印象的过程，该理论认为人们利用分享的内容来塑造自己的形象。人流是网络流行语在日常生活中流动的一种重要渠道，网络流行语可以作为人们交往的资本，增加了交往的趣味性。"社交货币"源自社交媒体中经济学的概念，是用来衡量用户分享信息内容的倾向性问题。网络流行语成为微信生态中的重量级"社交货币"，人们可以在微信群里展开群体互动，也可以在朋友圈中表达自我。以自我呈现和社交货币为底层架构的微信聊天和微信朋友圈建构了微信圈层传播的第一层：即基于社交驱动的个人分享机制。例如，网络流行语"友谊的小船说翻就翻"是形容友谊脆弱易变，有着调侃搞笑的风格，在微信群聊中，一个网络流行语就能掀起一场微信群聊天狂欢。

➡ 任务演练——探索网络语言的起源

讲一讲你最熟悉的网络流行词及其起源。

➡ 任务巩固——初探网络流行语形式

你觉得常见的网络语言一般由哪些形式组成？请写下来。

任务 2 网络语言的常见形式

任务目标

❖ 熟悉网络语言的常见形式

任务场景

网络语言是网友对时下热点的精练总结，并让这个词语成为一个标识，背后蕴含着网友的感想。例如，"打酱油"表示自己不谈敏感的话题，这些都与自己无关，自己什么都不知道，相当于"路过"的意思。因此，网络语言体现的是简洁明了，易传易记。本任务小陈将与大家一起了解网络语言的常见形式。

任务准备

（1）字母型

字体输入作为网络聊天最基本的形式，需要通过键盘或触屏将字符输送到对方显示屏上，打字速度肯定很难与思维同步，也远非直接对话那样方便，故以简约高效的字母替代汉字就成为网民聊天的首选，它的内涵的丰富程度已经超过正规文字的表达模式。

（2）数字型

阿拉伯数字在聊天中的应用更为普遍，网友借助数字字符的谐音和寓意，将很多生活用语以数字组合的形式表达出来，写起来简单，看起来也一目了然。

（3）混合型

当单纯的字母和数字不足以表达网民的情感诉求时，将它们与文字、英语单词等根据需要分门别类混合在一起的模式便成为网络上一种非主流表达方式，这种多种字符混杂的网络用语无疑不符合任何一种语言规范，甚至无章可循，但这种以简约为基础、以"看得懂，说得清"为目的的表达形式，使网友可以不必拘泥于传统语言语法的桎梏而自由发挥。

（4）口语型网络

网络语言聊天虽然主要是字面交流，但其实质还是类口语化，故日常生活中的语气助词在网络中的应用也非常普遍，加上网络缺少面对面交流所具备的其他肢体和表情语言，语气词便能充分烘托和调动网络交流时的气氛。

（5）图画型

电脑及手机等网络聊天设备不具有面对面交流时的情感同步功能，仅凭字符表达网友的情绪，难以达到完美的效果，利用键盘上的特殊符号组合形成有趣的人物表情，则较好地弥补了这一缺憾。据调查，网络上比较流行的表情符号有近 200 个，都是网友模拟现实交流中的语境情态创造出来的，那些符号既形象又生动，对观者的视觉刺激强烈而有效，因而受到众多网友的追捧。

很多即时聊天软件如 QQ、微信等为迎合网络需求，利用 gif 图片创作并固化了相当多的人物和动物表情。方便网友在使用时直接发送给对方。这些图片更加传神有趣，它节省了网友聊天过程中的大量时间，并使聊天时的感情色彩更为浓厚，也就是我们常说的表情包。

如今，无论是电脑还是手机，表情符号都已经成为聊天工具中的必备网络语言。

（6）词义变异型

创新是网络用语的基本要素，任何一种类型的网络语言，都有不同于传统语言的新意，但多数是建立在传统语言基础之上的，随着社会的发展和科技的进步，新的词汇也在不断出现，这种创新首先体现在网络上，网络又延伸到生活中，最终被学术界所接受。

开放的网络环境使新词汇迅速普及，几乎每年都有相当多的网络流行词语出现。

（7）缩略和扩张型

网络语言追求简约、创新、生动和表达清晰，不会去迎合传统语言的规范，这就为它的任意发挥消除了障碍，构成的词组或句子也就充满了与传统语法的相悖之处，如"喜大普奔"是喜闻乐见、大快人心、普天同庆、奔走相告这四个成语的缩略用法，"人艰不拆"表示人生已经如此艰难，就不要拆穿了吧，等等。这些所谓的网络"成语"都有一个共同的特点，就是把一个相对完整的长句子缩略为四个字，而这四个字在句中并非唯一的支撑点，构成的新词也不符合汉语词组的模式，当然，它的流行是否能决定其生命力的长久，仍需经过时间的考验。除此之外，还有一种由文字拆分构成的新词，这也是一种非标准的网络用词，相对于上述那种浓缩为四个字的句子来说，它的特征和意义都较为明显。

（8）语句型

网友对现实社会和互联网上的热点具有敏锐的嗅觉，反之这些热点也会催生出一些新的网络用语，如"待我长发及腰，少年娶我可好"，该句出于网络上的一句诗词，类似的还有"元芳，你怎么看""我和小伙伴们都惊呆了"等，随着这些句子的走红，它们的使用范围和内涵也在不断变化。

综上所述，"网络语言不仅是语言上表意、表音或表象的一种简单替换"，它的九大基本特征，基本上涵盖了网友对自身、对社会、对时代的一种态度。开放和虚拟的互联网络，数以亿计的网友，决定了网络语言发展的多元性，时间和历史终将淘汰与时代脱节的语言，也必然会顺应时势产生大量新的词汇和语句。

➡ 任务演练——补全网络语言常见形式

请在下方"网络语言的常见形式"思维导图中用自己生活中遇到的网络语言补全每一类别的具体形式，如"字母型"的具体形式为"YYDS，表示永远的神"。具体思维导图如图8.1所示。

图8.1 网络语言的常见形式

➜ 任务巩固——网络流行语预测

网络语言的产生往往受到时代背景、社会文化、流行文化等多种因素的影响，你能否成为下一个网络流行语的创造者呢？请通过网络搜索引擎，预测下一个网络流行语的产生领域，并创造一个网络语。

任务 3　网络语言的兴起

➜ 任务目标

❖　了解网络语言兴起的原因
❖　熟悉网络语言的利与弊

➜ 任务场景

小陈也想成为网络的弄潮儿、网络流行语的创造者。那他首先得了解网络语言是如何兴起的，才能抓住机遇，成为"梗王"。本任务小陈将与大家一起了解网络语言兴起的原因。

➜ 任务准备

8.3.1　网络语言兴起的原因

网络语言作为网络用户自发创造的一种语汇，融合中外文字、表情符号、数字或图片等表达方式，并以此为基底形成话语风格，呈现出青少年亚文化的特质。这主要通过以下三个层面得到展现。

（1）语义——亦庄亦谐，幽默婉曲传达文化现实议题

语言依赖于社会过程，具有可变更性。德国哲学家尤尔根·哈贝马斯（Jürgen Habermas）认为：人们可以根据经验给予语言解说活力，也可以运用强制手段来改变传统解说模式。网络用户面对其所关注的现实议题，往往通过语言变异的形式表达看法、心情和态度，网络语言所展现的角度十分广泛，如对突发事件后与众不同的认识，有对待某种普遍现象的情感诉求，有借助网络平台获得共情、寻求社会救济的愿望。网络语言很少就事论事直抒胸臆，多以嬉笑怒骂、轻松随意的面貌呈现，婉曲表达内涵，消解议题的严肃性，亦庄严亦诙谐地传递观点、引发关注，巧妙实现语词的社会评价和批判功能。约定俗成的网络语言，一般会自觉绕开敏感词汇、规避言论风险，避免因言辞的尖刻犀利而激起新的矛盾或冲突。

（2）语气——简、萌、倒、错，游戏化展演呈现反哺文化心理

网络新媒体对于青少年的文化意义，不仅是使用渠道的拓宽、知识学习的便利，也是文化心理的外显和社会参与的实现。青少年作为我国互联网使用的主流人群，其语言表达和语言习惯天然地带有这一群体社会化过程的痕迹。可以说，简、萌、倒、错的游戏化展演是网络语言的鲜明特征。简，即简单，语句、音节短小，方便交流，富有效率。萌，即萌态，童言童语，可爱有趣。倒，即颠倒，不分长幼、性别、身份的话风，一视同仁地拉近交流者的距离。错，即错位，古今中外的话语词汇皆为所用。这些特点使网络语言显得简单明了、充满情趣。

从文化心理层面来看，网络语言的游戏化展演可视为青少年对峙成人文化、主流文化的一种特殊方式，如"宅""社恐"等的出现，折射出"80后""90后"的成长焦虑及人际交往恐惧。在受制于升学、社会压力的年轻人那里，网络使焦虑与个性化的"自我"不仅获得了自由表达的领地，也能够集结成相同爱好者社区、圈层、团队，建构出新的价值系统，确立属于自己的文化参与空间。而网络语言一旦成为流行用语，更有助于青少年跨越代沟，将支流文化浸润到主流文化和成人社会中，甚至形成新的"规训"，显示出反哺文化的现实意义。

（3）语体——随心所欲，开放式的形式结构实现文化创意

网络是一种大众参与的媒介平台，在这里，交际是直接的，但交际形式却是非直面的，网络媒介为交际提供了屏障，使交际双方可以躲在各种终端后面不露面，具有藏匿性和匿名性。因此，交流可以抛开禁忌、随心所欲。网络体现出个性、开放性、兼容性、多元性的价值取向，这些特点也直接体现在网络语言中。

8.3.2　网络语言的利与弊

网络语言的流行反映出 21 世纪我国青少年新的文化诉求和个性化特征，折射出时代和社会的进步对于文化发展的创造性价值。但同时，一些网络语言也表现出冗杂和任性的一面，对于社会文明和主流文化的冲击时有显露。

（1）衔接传统语言文化，增强汉语的表现力

网络语言对传统语言形式形成巨大挑战，看上去大胆、浮夸，但究其本质，并非对传统的颠覆和抛弃。如"90后"偏爱模仿汉字形声字构造，给生造字留下一个偏旁表读音，让公众能够猜得出其意图。这从细节上反映出网友意欲拉近与传统文化距离的小心思。网络语言

的使用，对传统词语词句的仿拟、挪用也很常见。传统文化的委婉含蓄表意方法也被加以利用，如不直接表态，而是通过表情符号会意。网络语言还运用比喻、象征、顶真、互文、双关等修辞手法建构意义，如"鸟在笼中，恨关羽不能张飞""人生处世，要八戒更需悟空"等。名称符号被网友信手拈来赋予新意，双关语让人称绝，投射出传统文化的清晰印记，产生了意在言外的表达效果。

（2）丰富现代汉语语库，使书面语表达更接地气

书籍、报刊等大众传媒采用网络语言已成为一种新的时尚。一些具有特色、经典的网络语言频繁见诸新闻媒体，丰富了报刊、广播电视语言，如"给力""YYDS"等网络热词曾为《人民日报》采用，增添了报道的时代感和贴近性。而将"2.0 版""3.0 版"等词语引入书面用语，不仅体现了 Z 世代的文化风尚，也为记录社会文化变迁留下了一种言语标记。

（3）降解阅读深度，形塑浅阅读与感性思维方式

海量信息传输和移动阅读方式培养了文化大众新的阅读习惯，使阅读发生了朝快阅读、浅阅读的转向。突出简词短语、图像和符号化文本的网络语言是这一阅读潮流的结果，也对其具有能动作用。网络语言更偏重简单、节奏感和一语中的，更擅长流动的描摹、情感色彩的表现及新奇元素的组合。注重时尚、观感、娱乐性与速度的网络语言给人的印象更加鲜明、更有活力，为传统文化、主流文化注入了"鲜活血液"，丰富和形塑了文化与知识传播新生态。但正如哲学家伯特兰·罗素指出的，伟大作品只适应于慢节奏阅读。对比深度阅读而言，浅阅读依然是一种快餐、速食文化方式，其将信息与知识的接纳、理解与遗忘建立在"速度为王"的基础之上，会使知识的更新和文化的进步满足于浅尝辄止，进而影响思维方式，使以书面语言为中心的理性主义避让于以形象化为中心的感性主义。当速率消耗专注，阅读替代反省，极简磨平深度，文化主体的创造力也必然受到压制，难免会产生"到处是信息，唯独没有思考的头脑""越上网越无知"的文化焦虑。

（4）设障言语解码，造成文化理解的歧义和区隔

这主要表现为，一些网络语言的构成、表达过于随意，不符合基本语法和用词的规范性，对不同群体或圈层之间展开交流设置了障碍或增加了解码难度。如挪用英语现在进行时态在汉语词汇后面加 ing，意指正在进行的动作或行为，却使不了解这一时态的人感觉莫名其妙。一些随心所欲的词语混用、滥用，在满足猎奇、狂欢心态的同时，生成了大量的错词、语病，以致成为流行性不良用语范例。还有一些词汇或符号专用来传达厌世、悲观、颓废的消极情绪，很不利于青少年身心成长。更有甚者，生造出用于发泄不满、无极限媚俗，或用于谩骂的脏话、暴力化文字，冲击语言文明，污浊网络环境。

➡ 任务演练——仿写网络流行语

网络文体指起源或流行于网络的新文体，通常是由于一个突发奇想的帖子、一次集体恶搞或者是一个热点事件而产生的，网络文体一般形式自由，特点鲜明，在一段时间内会引起较高的关注度。常见的网络文体有"知音体""校内体""走近科学体"等。一些网络流行语文体也展现了一定的艺术色彩。

任务巩固——情境互动

你身边的朋友或你自己会用怎样的表达方式表达自己的感情？

【情境一】你的朋友考试考砸了。

【情境二】你过去鼓励他。

【情境三】今晚月色很美，你会怎么描绘它。

任务 4 区分"好梗"与"烂梗"

任务目标

❖ 掌握"好梗"与"烂梗"的辨识方法
❖ 理性节制地使用网络语言

任务场景

在当前的互联网中，梗是一种常见的文化现象。它主要流行于青少年群体，是青少年文化的晴雨表，它既反映了当前青少年视野的关注热点，也反映了青少年的社会遭遇、文化心态和身份认同。但梗的"烂用"与"滥用"也是当前网络语言的常见现象。本任务小陈将与大家一起学习如何理性节制地使用网络语言。

任务准备

8.4.1 什么是"烂梗"

一般认为，梗是对相声表演艺术中的"哏"的误用。所谓"哏"，指的是一段表演中出现的典故、桥段或漏洞等。发展到现在，人们接触的各个领域都存在和生产着大量类似的"哏"。随着词语的误用，"哏"就演变成了"梗"。

好梗与烂梗没有明显的界限，往往是相对而言的。烂梗指的是某些青少年网民不分场合地造梗、用梗和传播梗。简单来说就相当于"说话不得体"。青少年用梗的频率远高于其他年龄段的网友，原因在于他们拒绝权威、拒绝成熟、拒绝"长大"，且部分青少年的价值观还带有一定的虚无主义色彩。他们拒绝严肃的话语方式，渴望通过狂欢式的网络文本为现实打上其他颜色。从"火星文"到网络流行语再到梗，网络文本狂欢化的主体都是青少年。在这之中，"火星文"和网络流行语都是以语言文字的形式呈现，但梗的载体还有更为丰富和复杂的图像文本、视频文本、文学文本等。一些梗文化的参与主体素养缺失，热衷于情绪化、身体化和娱乐化地表达，他们不断在生产、传播和使用着数量庞大的烂梗。网络空间中常见的烂梗形式包括色情烂梗、严肃事件烂梗等。

8.4.2 什么是"滥梗"

"滥梗"指的是在某个梗的热度持续期，众多网友和媒介平台极其频繁地对其传播和使用，进而出现梗的滥用。当然，同一个语境下出现多个梗，也会形成滥梗。梗在经过破圈、破壁之后会进入主流文化并被社会大众和主流媒体所接受和使用。为了拉近与青年网友的距离，一些主流媒体会主动用梗。近年来，不少梗被引入官方和主流媒体的话语体系，在一定程度上起到了活跃社会文化、破除圈层壁垒、引导理性表达、化解网络纠纷等作用。但在这之外，偶尔会出现梗的滥用的情况。频繁用梗会在某些情况下造成严肃内容的戏谑化、低俗化等。大规模地、低门槛地造梗和用梗必然引起梗的泛滥，而在这之中，冷静、严肃、客观的内容将会被那些更容易引起窥视和围观的狂欢化符号所挤占。例如，一些自媒体在发布内容时也常常为了"蹭热度"而滥用流行梗，而没有进行客观、冷静、理性的引导。

8.4.3 理性节制地用"梗"

梗作为一种媒介文本狂欢，赋予了青少年群体网络话语权，使青少年的身份和价值得到了确认。但因为烂梗和滥梗，网络暴力、道德绑架、色情元素、娱乐至上等问题也就出现了。为了更好地解决这类问题，梗文化的治理和引导就显得很有必要。

互联网为青少年进行媒介文本生产和传播进行了赋权，梗文化则提升了赋权的效果。但在狂欢中，青少年涌入各类不同的梗的场域，很容易就陷入戏谑和宣泄之中而脱离了理性的节制和道德的约束。梗的滥用可能催生低俗化，进而引发网络暴力等。不论是在社会层面，还是在青少年健康成长层面，又或是在梗的制造、传播和使用层面，青少年网络素养的提高都是必需的。青少年只有在教育和学习中培养理性精神、提高道德修养，才能在杂芜的网络社会中实现信息的筛选、甄别和判断。不断提高媒介素养，烂梗和滥梗就会大大减少，良好的社会舆论生态和文化环境也就建立起来了。

➡ 任务演练——区分"好梗"与"烂梗"

下方有一些当前的常见梗，请判断其是否为"好梗"。

给力 　　　　　　　　　　　　　　　　　　　　　　　　　　（　　）

洪荒之力 　　　　　　　　　　　　　　　　　　　　　　　　（　　）

YYDS 　　　　　　　　　　　　　　　　　　　　　　　　　（　　）

正能量 　　　　　　　　　　　　　　　　　　　　　　　　　（　　）

宅 　　　　　　　　　　　　　　　　　　　　　　　　　　　（　　）

→ **任务巩固——自主探究**

请随手记录一下一周内身边的人使用最多的 10 个网络用语，并想一想哪些是不被提倡使用的。

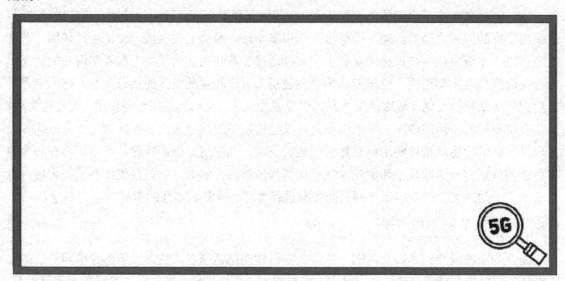

项目 9

网 络 技 术

<<<<<<

项目介绍

　　网络技术是从 20 世纪 90 年代中期发展起来的新技术，它把互联网上分散的资源融为有机整体，实现资源的全面共享和有机协作，使人们能够透明地使用资源并按需获取信息。网络可以构造地区性的网络、企事业内部网络、局域网网络，甚至家庭网络和个人网络。

　　网络技术的应用非常广泛，包括电子商务、在线支付、在线教育、在线医疗等。网络技术的应用对我们的生活产生了很大的影响，例如，它使得我们可以在家里购物、学习、工作等，不必再像过去那样跑到实体店里，当然也产生了一些负面影响。本项目我们将与大家一起辩证地了解网络技术的相关知识。

任务安排

　　任务 1　什么是网络技术
　　任务 2　网络技术的应用场景
　　任务 3　网络技术的伦理问题
　　任务 4　网络技术的发展趋势

学习目标

　　◇ 掌握网络技术的概念和原理
　　◇ 了解网络技术的分类和特点
　　◇ 了解网络技术的应用场景
　　◇ 熟悉网络技术的伦理道德问题

◇ 能够正确应对网络技术的伦理问题
◇ 熟悉网络新技术
◇ 探索网络技术的发展趋势

任务1　什么是网络技术

➡ 任务目标

❖ 掌握网络技术的概念和原理
❖ 了解网络技术的分类和特点

➡ 任务场景

网络技术已经深入我们的日常生活中，许多常见的应用都是基于网络技术实现的。小陈经过学习已经初步了解了网络生活的基本知识。本项目小陈将与大家一起学习网络技术的相关知识。

➡ 任务准备

9.1.1　网络技术的概念和原理

网络技术是指通过网络实现各种信息传输和交换的技术，包括硬件和软件的技术。网络技术可以将分布在不同地理位置的计算机、传感器、移动设备等连接起来，实现信息共享、数据传输、协同计算、远程控制等功能。

网络技术的核心原理是协议。协议是一组规则，用于确保网络中的设备能够正确地交换信息。

常见的网络协议包括 TCP/IP 协议（如图 9.1 所示）、HTTP 协议、FTP 协议等。

图 9.1　TCP/IP 协议

TCP/IP（Transmission Control Protocol/Internet Protocol）是互联网的核心协议，分为 4 个层次：应用层、传输层、网络层和链路层。其中最重要的是 IP 协议，负责数据报文的路由和转发。

● 应用层：负责处理特定的应用程序，例如 HTTP（用于 Web）和 SMTP（用于电子邮件）。
● 传输层：负责在源端和目的端之间建立连接，实现可靠的数据传输。TCP（传输控制协议）和 UDP（用户数据报协议）是这一层的两个主要协议。

- 网络层：负责将数据包从源地址发送到目的地址。这一层的协议包括 IP（互联网协议）和 ICMP（互联网控制消息协议）。
- 链路层：负责在计算机和网络设备之间建立连接。这一层的协议包括以太网协议（Ethernet）和 Wi-Fi 协议（802.11）。

HTTP（Hypertext Transfer Protocol）是互联网上应用最广泛的协议之一，用于传输超文本内容，如网页等。HTTP 使用 TCP 协议传输数据，采用请求/响应模型，客户端向服务器发送请求，服务器响应请求并返回数据。

FTP（File Transfer Protocol）是用于文件传输的标准协议，也使用 TCP 协议。FTP 有两个端口：控制端口和数据端口。客户端通过控制端口与服务器建立连接，并发送命令；服务器通过数据端口响应命令并传输数据。

除协议之外，网络技术还包括网络安全、数据加密、网络管理等方面的技术。网络安全技术包括防火墙、入侵检测系统、反病毒软件等，用于保护网络免受攻击和恶意软件的侵害。数据加密技术用于确保数据在传输过程中的安全性，包括对称加密和公钥加密等。网络管理技术包括故障管理、配置管理、性能管理和安全管理等方面的技术，用于管理和维护网络的正常运行。

随着物联网技术的不断发展，网络技术也在不断创新和发展。未来的网络技术将更加注重数据的安全性、隐私保护和节能等方面的问题。同时，随着 5G、6G 等新一代通信技术的发展，网络技术也将更加注重高速度、低延迟和大连接数等方面的问题。

当前，网络技术是现代信息技术的重要组成部分，在各个领域都发挥着重要的作用。学习和掌握网络技术的基本概念和原理，对于提高计算机应用水平和发展信息化能力都具有重要意义。

9.1.2　网络技术的分类

根据不同的分类标准，网络技术可以分为以下几类。

（1）有线网络和无线网络

有线网络是指通过物理线缆连接在一起的计算机设备，如以太网、令牌环网等。无线网络是通过无线电波连接计算机设备的网络，如 Wi-Fi、蓝牙等。

（2）局域网和广域网

局域网（Local Area Network，LAN）是指在有限地理范围内的计算机设备连接而成的网络，一般局限于建筑物内或相邻的几栋建筑物之间。广域网（Wide Area Network，WAN）则是连接不同地域的计算机设备而成的网络，如因特网。

局域网和广域网的区别：

范围不同：局域网的范围一般在几千米以内，广域网的范围在几十千米到几千千米。

IP 地址设置不同：局域网里必须在网络上有一个唯一的 IP 地址，广域网上的每一台电脑（或其他网络设备）都有一个或多个广域网 IP 地址，而且不能重复。

连接的方式不同：局域网是靠交换机来进行连接，广域网则是靠路由器将多个局域网进行连接。

（3）星形网络、环形网络和总线型网络

星形网络是一种中心节点与其他节点连接的网络，中心节点承担了数据交换和路由的功能。环形网络是一种节点首尾相接的网络，数据沿着环形路径传输。总线型网络是一种所有节点共享同一条传输线路的网络。

（4）对等网络和非对等网络

对等网络（Peer-to-Peer，P2P）是一种没有中心节点的网络，所有节点对等，可以互相通信和共享资源。非对等网络（Client-Server）是一种有中心节点的网络，客户端向服务器发出请求，服务器响应请求并提供服务。

任务演练——归纳与绘图

请根据下述文字绘制一个 HTTP 协议的工作流程框图。

HTTP 协议在互联网中的作用是进行信息交换，其基本工作流程：客户端向服务器发出请求，服务器接收请求后向客户端发送响应，客户端和服务器之间建立连接进行信息交换。

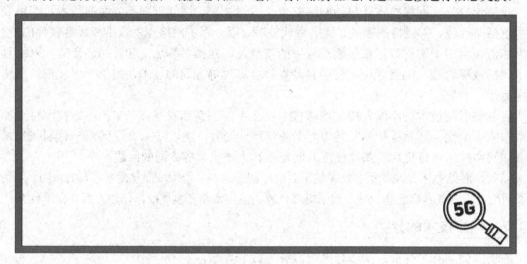

任务巩固——探索哪些网络新技术需要规范

新技术的出现，一方面会带来生活的便利，另一方面也会带来一些社会问题。请探索生活中的网络新技术带来的问题，并讲讲它们应该如何规范。

任务 2 网络技术的应用场景

➜ 任务目标

❖ 了解网络技术的应用场景

➜ 任务场景

网络技术在生活中已经有非常广泛的应用，每个人现在都离不开网络。小陈现在每到一个新的地方，他总是会问：这个地方有没有 Wi-Fi？对他来说，Wi-Fi 已经成为生活中不可或缺的一部分。他深深地依赖网络，如果一个地方没有 Wi-Fi，他甚至会感到有些不安。本项目小陈将与大家一起学习网络技术的应用场景。

➜ 任务准备

网络技术在现代社会中有着广泛的应用，涉及生活的各个方面。如图 9.2 所示，很多人每到一个新的地方，第一件事情就是查找 Wi-Fi。当前，智能家居系统利用网络技术将家庭中的各种设备连接在一起，实现设备之间的互联互通、数据传输、远程控制等功能，提高了家居生活的便利性和舒适性。智能交通系统利用网络技术实现车辆监控、交通信号控制、交通流量管理等功能，提高了交通效率和安全性。电子商务利用网络技术实现线上商品展示、交易、支付等功能，改变了传统商业模式，方便了人们的生活。在线视频会议利用网络技术实现视频会议、远程协作等功能，方便了远程办公、远程教学等应用场景。物联网利用网络技术实现设备之间的互联互通、数据传输、远程控制等功能，应用于智能制造、智慧城市等领域。云计算利用网络技术将计算资源、存储资源等通过网络连接在一起，实现了计算资源的共享和远程管理。

图 9.2 查找 Wi-Fi 的网友

此外，网络技术还在医疗、金融、教育等领域得到广泛应用。例如，医疗领域可以利用网络技术实现远程诊断、远程会诊等，提高了医疗服务的效率和质量。金融领域可以利用网络技术实现网上银行、移动支付等，方便了人们的金融交易。教育领域可以利用网络技术实现远程教育、在线学习等，方便了学生的学习和教师的教学。具体的应用场景包括以下几类。

电子商务：如淘宝、京东等电商平台，它们基于网络技术实现了线上商品的展示、交易、支付等功能，改变了传统商业模式，方便了人们的生活。

在线视频：如优酷、爱奇艺等视频网站，它们基于网络技术实现了视频内容的上传、存储、播放等功能，让人们可以在线观看各种影视内容。

社交媒体：如微信、微博等社交平台，它们基于网络技术实现了即时通信、信息分享、社交互动等功能，让人们可以更加方便地交流和分享信息。

在线教育：如MOOC、网校等在线教育平台，它们基于网络技术实现了远程教学、在线课程、学习资源分享等功能，让人们可以更加灵活地学习知识。

物联网：如智能家居、智能安防等物联网应用，它们基于网络技术实现了设备之间的互联互通、数据传输、远程控制等功能，提高了生活的便利性和安全性。

云计算：利用网络技术将计算资源、存储资源等通过网络连接在一起，实现了计算资源的共享和远程管理。

➔ 任务演练——常见网络技术应用场景

除上述网络技术中描述的应用场景外，生活中是否还有其他场景使用到了网络技术，请在下面方框中列举。

🡒 任务巩固——建设网络强国的意义

现如今，我们的生活离不开网络技术的帮助，网络技术不仅方便了我们的学习和工作，还为国家建设、国防安全、科技发展、社会进步提供了强有力的支持。请在网络中进行搜索，学习相关内容并写出建设网络强国的意义。

任务 3 网络技术的伦理问题

🡒 任务目标

❖ 熟悉网络技术的伦理道德问题
❖ 能够正确应对网络技术的伦理问题

🡒 任务场景

网络技术的发展给我们带来了很多便利和机遇，但同时也带来了一系列伦理问题。隐私保护、网络安全、虚假信息传播及网络欺凌等问题都需要我们高度重视和积极应对。只有建立完善的法律法规和技术手段，加强监管和教育引导，才能确保网络技术的健康发展和人类社会的进步。本项目小陈将与大家一起学习网络技术的伦理问题。

🡒 任务准备

9.3.1 常见的网络技术的伦理问题

网络技术的伦理问题是一个复杂而严峻的问题，随着互联网的普及和发展，越来越多的人开始关注这个问题。当今信息时代，网络技术已经成为人们生活中不可或缺的一部分，但是，随之而来的伦理问题也日益凸显。

首先，隐私保护是网络技术伦理问题中最为突出的问题之一。在互联网时代，个人信息被广泛收集和利用。例如，一些互联网公司为了推销产品或服务，会通过各种手段收集用户的个人信息，包括姓名、年龄、性别、职业、收入等。这些信息可能被用于广告推送、市场调研等领域，但同时也存在泄露用户隐私的风险。一旦这些信息被盗用或者滥用，将给用户带来极大的损失和困扰。此外，一些公司可能会将用户的个人信息出售给第三方，这也是一个严重的隐私泄露问题。

其次，网络安全是网络技术伦理问题中的一个重要方面。随着互联网的发展，网络安全威胁也越来越严重。黑客攻击、病毒传播、网络诈骗等问题层出不穷，给个人和企业带来了巨大的损失。例如，近年来频繁发生的勒索软件攻击事件就引起了人们的广泛关注。这些攻击不仅会导致个人计算机系统瘫痪，还可能造成企业机密泄露和经济损失。因此，加强网络安全防范措施是保障网络技术健康发展的关键。

再次，虚假信息的传播也是网络技术伦理问题中的一个重要方面。互联网时代，信息传播速度极快，但也容易滋生虚假信息。一些不负责任的个人或组织可能会故意制造和传播虚假信息，误导公众、破坏社会稳定。此外，一些媒体机构也可能因为追求单击率而发布不实报道，损害公众利益。因此，加强对虚假信息的监管和打击是维护网络技术伦理的重要任务。

最后，网络欺凌也是一个令人担忧的网络技术伦理问题。随着互联网的普及，越来越多的人选择在网络上表达自己的观点和情感。然而，有些人却利用网络匿名性和言论自由的特点进行网络欺凌行为。这种行为不仅伤害了受害者的心理健康，也破坏了网络空间的良好氛围。因此，建立健全的网络道德规范和法律法规对于预防和打击网络欺凌至关重要。

9.3.2　正确应对网络技术的伦理问题

正确面对网络技术的伦理问题，我们可以采取以下措施。

（1）增强个人隐私保护意识

在互联网时代，个人信息的保护尤为重要。我们应该加强自己的隐私保护意识，不随意泄露个人信息，尤其是一些敏感信息，如身份证号码、银行账号等。同时，我们也应该谨慎对待各种隐私政策和协议，了解个人信息的收集和使用方式。

（2）加强网络安全意识

网络安全是保障个人和社会利益的重要方面。我们应该加强对网络安全的认识，不随意单击不明链接或下载可疑软件，定期更新操作系统和杀毒软件，设置强密码并定期更换，避免使用公共 Wi-Fi 等不安全的网络环境。

（3）辨别虚假信息的能力

虚假信息的传播对社会稳定和个人权益造成了严重的威胁。我们应该培养辨别虚假信息的能力，不盲目相信和传播未经证实的消息，对于重要信息要进行核实和查证。同时，政府和媒体也应加强对虚假信息的监管和打击力度。

（4）积极参与网络道德建设

网络空间的良好氛围需要每个人的共同努力。我们应该积极参与网络道德建设，遵守网络公约和法律法规，尊重他人的权益和意见，不进行网络欺凌、恶意攻击等不良行为。

（5）推动相关法律法规的完善

为了更好地应对网络技术的伦理问题，我们需要推动相关法律法规的完善。政府应加强对网络技术行业的监管，制定更加严格的隐私保护和网络安全政策，并加大对违法行为的处罚力度。同时，也需要加强对网络伦理问题的研究和讨论，形成共识并推动相关法律的制定。

正确面对网络技术的伦理问题需要我们从个人和社会两个层面出发，提高自我保护意识，加强网络安全防范，培养辨别虚假信息的能力，积极参与网络道德建设，并推动相关法律法规的完善。只有通过多方合作和共同努力，才能确保网络技术的健康发展和人类社会的进步。

➡ **任务演练——如何正确应用网络技术伦理问题**

在某座城市，政府建立了一个公共交通管理系统，该系统可以通过传感器和摄像头监控交通情况，并向司机和行人提供实时信息，以改善交通拥堵和提高道路安全性。然而，这个系统也面临着一些伦理问题，比如隐私权和数据安全。

请问应该如何应对该问题？

➡ **任务巩固——网络技术的知识产权问题**

涉及网络资源共享的伦理问题具体案例有很多，比如网盘资源的便携性有了保障，但安全性与隐私性却难以保全。另外，网盘的提供者如何使用用户上传的资料也是个问题。比如，一些私密文件，只想和朋友分享，结果却全网可以搜索到。

网络资源共享容易侵犯他人的知识产权，请问应该如何平衡共享与隐私之间的关系？

任务4　网络技术的发展趋势

➡ 任务目标

❖　熟悉网络新技术
❖　探索网络技术的发展趋势

➡ 任务场景

在当今的数字化时代，网络技术已成为推动社会进步的关键力量。它不仅改变了人们的生活方式，也重塑了我们的交流方式。网络技术如同一座桥梁，连接着不同地域、不同文化的人们，让他们能够跨越时空的限制，分享信息、知识和经验。本任务小陈将与大家一起熟悉网络新技术及网络技术的发展趋势。

➡ 任务准备

随着科技的不断进步，网络技术也在不断发展。网络技术的发展趋势将主要集中在以下几个方面。

（1）5G 技术的普及

5G 技术是目前移动通信技术的最新发展，它的传输速度比 4G 技术更快，延迟更低，带宽更大。随着 5G 基础设施的不断建设和 5G 设备的进一步普及，5G 技术将会逐渐渗透到人们生活的各个领域，包括但不限于以下几个方面。

互联网应用的发展：5G 技术的普及将会极大地促进互联网应用的发展。由于 5G 技术具有更高的传输速度和更大的带宽，未来的互联网应用将会更加丰富和多样化。例如，高清视频、VR/AR、云游戏等需要较高网络速度和较低延迟的应用将会获得更好的体验。

物联网应用的发展：5G 技术为物联网应用提供了更好的支持。未来，越来越多的设备将会接入互联网，包括智能家居、智能交通、智能制造等领域。5G 技术可以提供更高的连接速度和更低的延迟，使得物联网应用能够更好地服务于人们的生活和工作。

工业互联网应用的发展：5G 技术可以为工业互联网应用提供更高效、更安全的数据传输。未来，工业互联网应用将会更加普及，包括智能制造、工业自动化、工业互联网安全等领域。5G 技术可以提供更高的传输速度和更低的延迟，使得工业互联网应用能够更好地服务于工业生产。

（2）人工智能的应用

人工智能是目前最热门的技术之一，它将会对网络技术的发展产生深刻的影响。未来，人工智能将会广泛应用于以下几个方面

在线客服的发展：随着人工智能技术的不断发展，未来的在线客服将会更加智能化和个性化。通过自然语言处理技术和机器学习技术，未来的在线客服可以更好地理解用户的需求和问题，并且可以提供更加精准的解决方案。

搜索引擎的优化：搜索引擎是人们获取信息的重要途径之一，未来的搜索引擎将会更加智能化和个性化。通过人工智能技术，搜索引擎可以根据用户的搜索历史和行为来推荐更加个性化的搜索结果，提高用户的满意度。

网络安全的保障：人工智能技术也可以应用于网络安全领域。未来的网络安全将会更加智能化和自动化，通过人工智能技术可以对网络流量进行实时监测和分析，发现异常行为后及时进行处理。

（3）区块链技术的应用

区块链技术是一种去中心化的分布式账本技术，它的出现对传统的中心化机构提出了挑战。未来，区块链技术将会广泛应用于以下几个方面。

保障用户的隐私：随着互联网的普及，用户的隐私越来越受到侵犯。区块链技术可以通过加密算法和去中心化的方式保护用户的隐私。例如，基于区块链技术的匿名币可以为用户提供更好的隐私保护。

保障数字货币的安全：数字货币是区块链技术的重要应用之一，未来的数字货币将会更加普及。通过区块链技术，数字货币的安全性可以得到更好的保障，如防止双重支付和恶意攻击等。

（4）云计算的应用

云计算是一种基于互联网的计算方式，它可以将数据和应用程序存储在远程的云端，用户可以通过任何联网的设备进行访问。未来，云计算将会广泛应用于以下几个方面。

数据的管理和分析：随着大数据时代的到来，数据的管理和分析变得越来越重要。云计算可以提供更加灵活和高效的数据存储和处理服务，用户可以根据需要随时随地访问云端数据和应用程序。

云服务的发展：云计算也可以提供各种云服务，如云存储、云安全、云通信等。未来，云服务将会更加普及和多样化，用户可以根据需要选择不同的云服务来满足不同的需求。

综上所述，未来网络技术的发展趋势将会集中在 5G 技术的普及、人工智能的应用、区块链技术的应用和云计算的应用等方面。这些技术的发展将会对人们的生活和工作产生深刻的影响，同时也将会带来更多的商业机会和挑战。

➡ 任务演练——自主探究

ChatGPT 是一款聊天机器人程序，它能够通过理解和学习人类的语言进行对话，还能根据聊天的上下文进行互动，有时人们甚至感觉真像在和人类交流，另外，它能完成撰写邮件、视频脚本、文案、翻译、代码和论文等任务。目前，ChatGPT 已经被广泛应用于众多领域，包括自然语言处理、聊天机器人、文本生成和语音识别等。

市面上现在有非常多的类似 ChatGPT 的应用，比如百度的文心一言、阿里的通义千问、科大讯飞的星火大模型，尝试一下，自主探究它们的使用方法。

➡ 任务巩固——ChatGPT 的伦理问题

人工智能语言模型能够自动生成文本。然而，随着人工智能技术的发展，也带来了一系列的伦理挑战。请说说它们可能会造成什么负面影响，我们又应该如何面对。

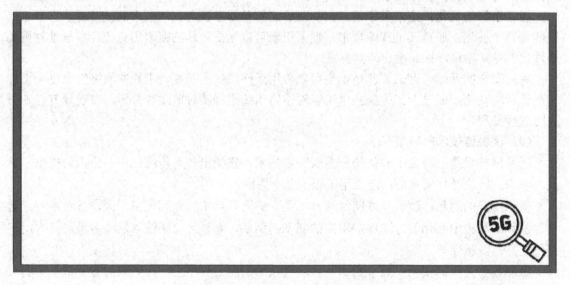

项目 10

网 络 学 习

<<<<<<

项目介绍

　　小陈是一个忙碌的上班族，每天早出晚归，没有太多时间去上培训班。一天，他在网上发现了一款名为"网络学习"的应用，他好奇地点开。进入应用后，小明发现里面有很多免费的课程和学习资源。他选择了一个关于编程的课程，开始了他的学习之旅。通过视频讲解、练习题和在线讨论，小明逐渐掌握了编程的基本知识。通过网络学习，小陈不仅学到了新的技能，还结识了很多志同道合的朋友。他们一起分享学习心得，讨论问题，共同进步。网络学习成为小陈生活中不可或缺的一部分，让他在繁忙的工作之余也能够不断学习和成长。本项目小陈将会与大家一起分享什么是网络学习。

任务安排

　　任务1　网络学习的类型
　　任务2　网络学习的优势
　　任务3　网络学习的挑战
　　任务4　网络学习的发展趋势

学习目标

　　✧ 掌握网络学习的概念和学习的方式
　　✧ 了解网络学习的优势
　　✧ 熟悉网络学习面临的挑战
　　✧ 展望网络学习的未来

任务1 网络学习的类型

任务目标

❖ 掌握网络学习的概念和学习的方式

任务场景

网络学习的方式非常多，小陈一开始也被琳琅满目的形式花了眼。但他在体验了视频、音频、文档等多种形式之后，还是选择了视频这一手把手传授的方式作为自己网络学习的主要方式。本任务小陈将与大家一起分享网络学习的常见方式，并帮助大家选择最适合自己的方式。

任务准备

10.1.1 网络学习的概念

网络学习是一种通过互联网进行的学习活动，它利用现代技术手段，将教育资源数字化、网络化，使得学生可以随时随地进行学习。随着互联网技术的不断发展和普及，网络学习已成为一种越来越普遍的学习方式。与传统的面对面教学相比，网络学习具有许多优势，如灵活性、便利性、互动性和可定制性等。

首先，网络学习具有很高的灵活性。学生可以根据自己的时间和地点有选择地进行学习，不受时间和空间的限制。同时，学生也可以根据自己的学习进度和能力水平，自主选择学习内容和难度，实现个性化学习。

其次，网络学习的便利性也是其重要优势之一。学生可以通过计算机、手机等电子设备随时随地进行学习，不需要到特定的教室或学校上课。这种便利性不仅节省了学生的时间和精力，也为那些无法到校上课的学生提供了学习的机会。

再次，网络学习还具有很强的互动性。学生可以通过在线讨论、问答等方式与教师和其他同学进行交流和互动，促进知识的共享和交流。这种互动性不仅可以增强学生的学习效果，还可以培养学生的合作精神和团队意识。

最后，网络学习还可以根据学生的需求和兴趣进行定制化教学。通过网络学习平台提供的个性化推荐和自适应学习功能，学生可以更加精准地获取自己感兴趣的知识和技能，提高学习的效果和满意度。

10.1.2 网络学习的方式

网络学习的方式有很多，以下是一些常见的方式。

（1）在线学习

在线课程是网络学习的一种常见形式，学生可以注册后参加在线视频、音频、文档等教学内容，自主选择学习时间和地点。这种方式具有灵活性和便利性，学生可以根据自己的时间安排和地点选择进行学习，不受时间和空间的限制。同时，在线课程还可以提供更加丰富多样的学习资源和交互方式，促进学生之间的交流和合作。如图 10.1 所示，即为网易云课堂的主页，也是当前广受欢迎的在线学习平台。

图 10.1　网易云课堂主页

（2）MOOC

MOOC（大规模开放在线课程）是另一种常见的网络学习方式。它是由高校或机构提供的大规模、免费的在线课程，学生可以通过注册参加并获得相应的证书。这种方式为学生提供了更加灵活的学习机会，他们可以选择自己感兴趣的课程，并与来自世界各地的学生一起学习和交流。如图 10.2 所示，为中国大学 MOOC，现在已有很多学校的教师加入其中，创建了在线开放课程。

（3）远程教育

远程教育是通过网络技术实现的、学生可以在本地学习中心或其他地点接受教师的远程授课。这种方式对于那些无法到校上课的学生来说尤为重要，他们可以通过远程教育获得与在校学生相同的教育资源和教学体验。

图 10.2　中国大学 MOOC

（4）自主学习

自主学习是学生根据自己的兴趣和需求，自主选择学习内容和方式的一种学习方式。学生可以通过阅读电子书、观看教学视频、参加在线讨论等方式进行自主学习。这种方式可以培养学生的自主学习能力和自我管理能力，同时也可以根据学生的个人需求进行个性化的学习安排。

（5）协作学习

协作学习是学生通过网络平台与其他学生或教师进行合作学习和交流的一种学习方式。学生可以通过在线讨论、小组项目等形式与其他学生共同完成学习任务，并从中获得更多的反馈和支持。这种方式可以促进学生之间的合作精神和团队意识，提高他们的学习效果和满意度。

（6）混合式学习

混合式学习是将传统面授教学和网络学习结合起来的一种学习方式。它结合了传统面授教学中师生面对面的交流和网络学习中的灵活性和便利性，能提供更加全面和灵活的学习体验。混合式学习可以根据学生的学习需求和特点进行个性化的教学设计和实施，增强学生的学习效果和提高满意度。

➡ 任务演练——开启网络学习

请尝试在网易云课堂中注册一个账号，并搜索感兴趣的课程加入学习，如图 10.3 所示，搜索"人工智能"，你会发现有很多课程供选择，可以先选择免费的课程进行试听，在不断探索中发现自己的兴趣，培养自己的特长。

图 10.3　在网易云课堂中搜索"人工智能"

任务巩固——品悟网络学习

通过在网易云课堂中进行网络学习，请你说说网络学习有哪些好处。

任务 2 网络学习的优势

任务目标

❖ 了解网络学习的优势

任务场景

小陈最近参加了一堂关于时间管理的在线课程，通过教师的讲解和互动，他学会了如何合理安排时间，提高工作效率。此外，他还通过学习一门英语课程，提高了自己的口语能力。网络学习的类型丰富多样，让小陈能够根据自己的需求进行选择，不断充实自己。本项目小陈将与大家一起学习网络学习的优势。

任务准备

网络学习是一种通过互联网进行的教育和学习方式，具有许多优势。下面将详细展开叙述。

第一，网络学习具有灵活性。学生可以根据自己的时间和地点有选择地进行学习，不再需要按照固定的时间表去上课，而是可以随时随地通过网络进行学习。这种灵活性使得学生能够更好地平衡学习和生活之间的关系，增强学习效果。此外，网络学习还可以帮助学生节省时间，让他们有更多的时间用于其他活动，如社交、运动或兴趣爱好等。

第二，网络学习提供了丰富的学习资源。通过互联网，学生可以轻松获取大量的学习资料和教学视频。无论是教科书、参考书、学术论文还是在线课程，都可以在网络上轻松获得。这些资源不仅可以帮助学生深入了解特定主题，还可以提供多种不同角度的观点和解释，促进学生的批判性思维能力的发展。此外，网络学习还提供了与其他学生和教师进行交流和讨论的机会，通过在线论坛和社交媒体平台，学生可以在全球范围内与其他人分享观点、解答问题，并从其他人的经验和知识中获益。

第三，网络学习提供了个性化的学习体验。每个学生的学习风格和节奏都不相同，而网络学习可以根据学生的个体差异提供量身定制的学习体验。学生可以根据自己的兴趣和需求选择适合自己的学习内容和学习速度。此外，网络学习还可以通过自动化评估和反馈系统提供即时的学习成果和进步报告，帮助学生了解自己的学习情况并及时调整学习策略。这种个性化的学习方式可以更好地满足学生的需求，并提高他们的学习动力和成就感。

第四，网络学习降低了教育的成本。传统教育通常需要支付昂贵的学费和相关费用，如教材费、交通费等。然而，网络学习通常不需要支付这些额外费用。学生可以通过免费的在线课程和资源获取高质量的教育，节省了学习成本。此外，网络学习还可以减少教育的地理限制，让更多的学生有机会接受优质教育，无论他们身处何地。

第五，网络学习培养了学生的自主学习能力和信息素养。在传统的教育模式中，学生通常是被动地接受知识，并且缺乏对信息的筛选和评估能力。然而，在网络学习中，学生可以主动寻找和利用各种学习资源，并对所获得的信息进行评估和整合。这种自主学习能力的培养，对学生未来的学习和职业发展至关重要。同时，网络学习也需要学生具备良好的信息素养，包括搜索、筛选、评估和使用信息等能力。这些能力在现代社会中变得越来越重要，因为人们需要不断去适应快速变化的信息环境。

➡ 任务演练——绘制思维导图

请将本节所讲述的网络学习的优势总结提炼，绘制成一幅思维导图。

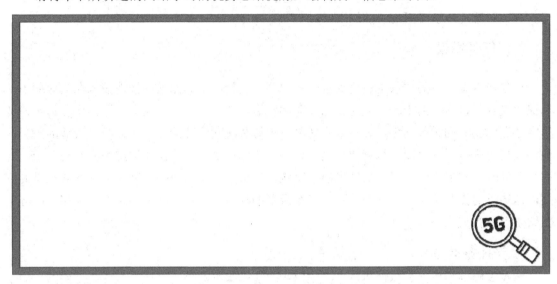

➡ 任务巩固——辩论

请分组就网络学习的优势与劣势展开辩论，辩证地看待网络学习。

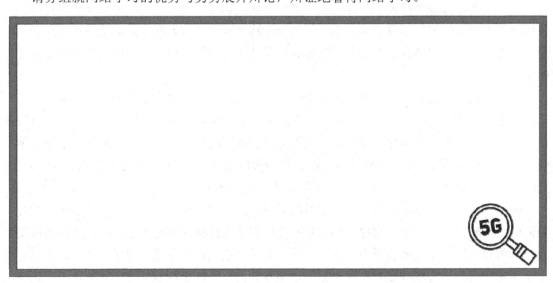

任务3　网络学习的挑战

任务目标

❖　熟悉网络学习面临的挑战

任务场景

小陈在网络学习的过程中也遇到了一些问题。起初，小陈充满热情地投入在线课程中，但很快遇到了挑战。由于缺乏面对面的互动和实践机会，他在一些需要实际操作和指导的课程中感到困惑。同时，网络学习也要求他具备自律和时间管理能力，因为没有老师的监督，他需要自己安排学习进度。尽管面临这些挑战，小陈仍然不屈不挠，通过积极参与讨论、与同学互助及寻求老师的帮助，最终克服了困难，取得了优异的成绩。网络学习有其独特的挑战，但通过努力和适应，我们仍然可以获得宝贵的学习经验。本任务小陈将与大家一起分享网络学习的挑战。

任务准备

随着互联网的普及和科技的进步，网络学习成为越来越受欢迎的学习方式。然而，网络学习也面临一些挑战。下面将详细展开叙述。

首先，缺乏面对面的互动和实践机会可能导致学习效果不佳。在传统课堂上，学生可以直接与教师和同学进行交流和讨论，通过观察和模仿学习。而在网络学习中，学生往往只能通过文字、音频或视频与教师和其他学生进行交流，这种间接的互动可能无法提供足够的实践和反馈机会。例如，在语言学习中，学生无法通过与母语人士的实际对话提高口语表达能力。此外，一些实践性较强的学科，如实验科学或艺术创作，也无法在网络学习中得到充分的实践。

其次，网络学习要求学生具备自律和时间管理能力。由于没有老师的监督，学生需要自己安排学习进度、完成作业和准备考试。对于那些容易分心或缺乏自制力的人来说，这可能是一个挑战。在家中或其他环境中，有太多的诱惑和干扰可能会影响学生的学习效率和专注度。此外，网络学习还要求学生具备良好的时间管理能力，因为他们需要合理安排学习时间、处理其他事务及休息和放松。这对于一些不习惯自我管理和规划的学生来说可能是一个难题。

再次，技术问题也可能成为网络学习的障碍。互联网连接不稳定、设备故障等问题可能导致学生无法顺利参与在线课程。当学生的互联网连接出现问题时，他们可能无法接收实时的教学内容，错过了重要的学习机会。此外，如果学生的设备不兼容或出现故障，他们可能无法正常观看教学视频或参与在线讨论。这些技术问题不仅会影响学生的学习体验，还可能使他们对网络学习失去信心。

最后，网络学习还面临着评估和认可的问题。在传统的教育体系中，学生的学习成果可以通过考试和证书进行评估和认可。但在网络学习中，如何准确评估学生的学习成果仍然是一个挑战。传统的面对面考试很难直接应用到网络学习中，因为缺乏适当的监考环境和实时的考试监管。此外，一些非传统的评估方式，如在线测验或项目作品，可能难以客观地评估学生的能力和知识水平。因此，设计出合适的评估机制仍然是一个亟待解决的问题。

　　尽管网络学习面临这些挑战，但通过积极应对和采取适当的措施，学生仍然可以克服困难并取得成功。首先，他们可以利用各种在线平台和工具与其他学生和教师进行交流和互动，以弥补面对面互动的不足。这包括使用论坛、社交媒体和即时通信工具等。其次，学生应该培养自律和时间管理的习惯，制订合理的学习计划并坚持执行。学生可以利用番茄工作法、时间块等技巧来提高自己的时间管理能力。再次，学生还应该确保有稳定的互联网连接和可靠的设备，以避免设备问题对学习造成的影响。最后，针对评估和认可的问题，教育者和教育机构可以探索创新的评估方式，如项目作品展示、同伴评价或个人反思报告等。通过这些方法，可以更准确地评估学生的学习成果并提供有针对性的反馈。

➔ 任务演练——思考与描述

为什么缺乏面对面的互动和实践机会可能导致学习效果不佳？请写出具体的例子。

➔ 任务巩固——经验分享

请分享一个你在网络学习中克服挑战的实际经历，并说明你是如何应对这个挑战的。

任务4　网络学习的发展趋势

任务目标

❖　展望网络学习的未来

任务场景

　　小陈参加了一场关于网络学习的讲座。在讲座中，他了解到网络学习的未来将更加智能化和个性化。小陈兴奋地想象着自己在未来的学习中，通过虚拟现实技术进入一个真实的历史场景，与历史人物互动学习；通过人工智能辅助，获得个性化的学习建议和反馈。小陈相信网络学习将为每个学生提供更广阔的学习空间和更多的机会，让每个人都能实现自己的学习梦想。

任务准备

　　第一，智能化技术的应用将会使网络学习变得更加智能化。人工智能和机器学习的发展使得网络学习可以根据学生的实际行为和数据进行个性化的推荐和反馈。通过分析学生的学习进度、理解程度及兴趣爱好等方面的数据，系统可以自动调整课程内容和难度，以满足学生的需求。例如，根据学生的学习表现，系统可以提供适合他们的练习题目或挑战，帮助他们巩固知识并提高技能。这种个性化的学习方式可以帮助学生更加高效地学习，取得良好的学习效果。

　　第二，虚拟现实（VR）技术和增强现实（AR）技术的应用将为学生提供更加沉浸式的学习体验。虚拟现实技术和增强现实技术可以将学生带入一个虚拟的场景中，使他们能够身临其境地感受和参与其中。例如，学习历史时，学生可以通过 VR 设备进入一个真实的历史场景，与历史人物互动，亲身体验历史事件。通过 AR 技术，学生可以将所学的知识与真实世界相结合，看到三维的模型、动画或实时的视频等，更好地理解和应用知识。这种沉浸式的学习方式可以提高学生的参与度和兴趣，激发他们的学习动力。

第三，个性化学习的实现将成为网络学习的重要目标。传统教育往往是一种"一刀切"的方式，无法满足每个学生的个体差异和需求。而网络学习可以根据学生的个人需求和兴趣，提供个性化的学习资源和服务。学生可以根据自己的学习风格和节奏选择适合自己的学习方式和内容，提高学习效果。同时，网络学习平台还可以根据学生的学习表现和反馈，不断优化教学内容和方法。这种个性化的学习方式可以使每个学生都能够找到最适合自己的教育形式，发挥自己的潜力。

第四，全球化学习的机会将成为网络学习的一大特点。网络学习打破了地域限制，使得学生可以随时随地获取全球优质的教育资源。无论是国内还是国外的优质学校、教育机构或教师都可以通过网络向学生提供教学服务。这为学生提供了更广阔的学习空间和更多的机会，同时也促进了国际的教育交流与合作。学生可以通过在线课程、远程学习和跨国合作项目等方式与来自不同文化背景的学生互动，拓宽视野、提升跨文化交流的经验。

第五，政府的支持和监管的加强是推动网络学习发展的重要因素。政府可以通过制定相关政策和法规，鼓励学校和企业开展在线教育，并提供相应的支持和监管措施。政府还可以加大对网络教育的投入，建设完善的教育平台和基础设施，提供优质的网络学习资源和服务。政府的积极参与和支持将有助于促进网络学习的普及和发展，为广大学生提供更好的教育机会。

总而言之，网络学习的未来将是智能化、个性化、全球化的时代。通过应用先进的技术和理念，网络学习将为学生提供更加丰富多样的学习机会和资源，促进教育的普及和发展。这将推动教育领域的创新和变革，为培养具有全球竞争力的人才奠定基础。

➡ 任务演练——想一想

在网络学习中，如何提高学习效果和保持学习动力？

➜ 任务巩固——实践活动

自主开展网络学习实践活动，可以通过阅读相关书籍、文章或者观看视频、在线课程、远程学习等方式，了解网络学习的发展趋势。

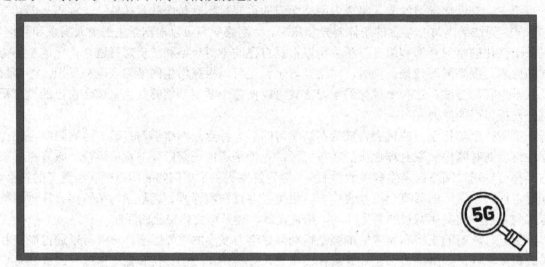